Personalmarketing

Praxis der Personalpsychologie

Human Resource Management kompakt

Band 21

Personalmarketing

von Georg Felser

Herausgeber der Reihe:

Prof. Dr. Heinz Schuler, Dr. Rüdiger Hossiep,
Prof. Dr. Martin Kleinmann, Prof. Dr. Werner Sarges

Personalmarketing

von
Georg Felser

HOGREFE
GÖTTINGEN · BERN · WIEN · PARIS · OXFORD · PRAG · TORONTO
CAMBRIDGE, MA · AMSTERDAM · KOPENHAGEN · STOCKHOLM

Prof. Dr. Georg Felser, geb. 1965, Studium der Psychologie und Philosophie an der Universität Trier, 1998 Promotion, 1999 - 2001 Wissenschaftlicher Mitarbeiter an der Martin-Luther-Universität Halle-Wittenberg, seit 2001 Professor für Markt- und Konsumpsychologie an der Hochschule Harz in Wernigerode.

Von 1993 bis 1999 lehrte Georg Felser Werbe- und Konsumentenpsychologie im Studiengang Grafik und Design an der Fachhochschule Trier. In dieser Zeit entstand auch sein Lehrbuch „Werbe- und Konsumentenpsychologie", das mittlerweile in dritter Auflage vorliegt. Georg Felser arbeitet in verschiedenen Marktforschungs- und Marketingprojekten, so beispielsweise zu Themen der Kundenzufriedenheit oder zur Preissensibilität. Seine Forschungsschwerpunkte liegen neben dem Personalmarketing in der unbewußten Beeinflussung von Konsumenten, der Entstehung von Kundenzufriedenheit sowie in der Entscheidungsforschung.

Bibliografische Information der Deutschen Nationalbibliothek
Die Deutsche Nationalbibliothek verzeichnet diese Publikation in der Deutschen Nationalbibliografie; detaillierte bibliografische Daten sind im Internet über http://dnb.d-nb.de abrufbar.

Göttingen · Bern · Wien · Paris · Oxford · Prag · Toronto
Cambridge, MA · Amsterdam · Kopenhagen · Stockholm
Rohnsweg 25, 37085 Göttingen

http://www.hogrefe.de
Aktuelle Informationen • Weitere Titel zum Thema • Ergänzende Materialien

Umschlagabbildung: © pressmaster – Fotolia.com
Satz: Grafik-Design Fischer, Weimar
Druck: AZ Druck und Datentechnik GmbH, Kempten
Printed in Germany
Auf säurefreiem Papier gedruckt

ISBN 978-3-8017-1723-0

Inhaltsverzeichnis

Karten:

1 Personalmarketing

Personalmarketing und sein Gegenteil

In Zeiten hoher Arbeitslosigkeit mag man sich fragen, ob nicht bei Millionen von Arbeitssuchenden jeder offenen Stelle eine Vielzahl von geeigneten Bewerbern zur Verfügung steht? Bei einem solchen Überangebot sollten die Betriebe in der glücklichen Lage sein, auf aufwendiges Marketing zu verzichten. Es käme allenfalls auf die Auswahlstrategien an, aber auch hier reichte ein reduzierter Aufwand aus: Wichtig wäre nur, keinen ungeeigneten Bewerber auszuwählen. Solange dies sichergestellt ist, könnten weitere, ebenfalls geeignete Bewerber ohne Schaden zurückgewiesen werden.

An die Mitarbeiter kommt der Betrieb über eine rein passive Personalbeschaffung: Arbeitskräfte sucht man nur dann, wenn eine Stelle zu besetzen sind. Über die Stellenbesetzung denkt man auch erst dann nach, wenn die Stelle frei ist. Die Vakanz wird schnellstmöglich beseitigt. Danach widmet man sich wieder dem Tagesgeschäft.

Das oben angedeutete Szenario könnte man als das „Gegenteil von Personalmarketing“ bezeichnen. Dass es so tatsächlich nicht geht und dass unabhängig von den Arbeitslosenzahlen ein Personalmarketing erforderlich ist, das sollen die folgenden Seiten zeigen.

1.1 Einführung des Begriffs

Marketing als Grundeinstellung eines Unternehmens

Wenn man von Marketing spricht, meint man eigentlich weniger eine Methode oder Anwendung, sondern eher die Grundeinstellung eines Unternehmens gegenüber dem Markt (Kotler & Bliemel, 2001). Diese Grundeinstellung hat zwei Besonderheiten:

1. Marketing stellt nicht die Bedürfnisse und Wünsche des Unternehmens, sondern die des Zielmarktes in den Mittelpunkt. Die Ziele des Unternehmens werden erreicht, wenn das Unternehmen die Wünsche im Markt kennt und sie wirtschaftlicher und wirksamer befriedigt als die Wettbewerber.
2. Marketing setzt an vielen Stellen an, ist ein Prozess mit mehreren Phasen und bezieht verschiedene Teile des Unternehmens mit ein. Von Marketing kann man nicht sprechen, wenn nur eine isolierte Maßnahme durchgeführt, zum Beispiel das Produkt verbessert oder ein neuer Distributionskanal hinzugenommen wird.

Demnach bedeutet Personalmarketing erstens eine Konzentration auf die Bedürfnisse der Mitarbeiter – übrigens, wie wir noch sehen werden, nicht nur der potenziellen, sondern auch der aktuellen Mitarbeiter. Zweitens erschöpft sich Personalmarketing offensichtlich nicht darin, Personalanzeigen und den Internetauftritt marktgerecht zu gestalten.

Interessanterweise wird der Begriff „Personalmarketing" nur so verwendet, dass er eine Aufgabe des Unternehmens bezeichnet (z. B. Strutz, 1993). So gesehen ist bereits der Begriff irreführend, denn eigentlich wird ja nicht das Personal, sondern der Arbeitsplatz „vermarktet". Folgerichtig sollte es auch eigentlich eher „Arbeitsplatz-Marketing" heißen (Reich, 1992) – freilich dürfte sich eine Umbenennung kaum mehr durchsetzen.

1.2 Definition

Personalmarketing soll hier als eine personalpolitische, mitarbeiterorientierte Denk- und Handlungskonzeption verstanden werden. Ihr Ziel ist, bei aktuellen und potenziellen Mitarbeitern eine langfristige Präferenz gegenüber dem Unternehmen zu schaffen (Ahlers, 1994, S. 114 ff.).

Hervorzuheben sind in dieser Definition die folgenden Begriffe:

- *Mitarbeiterorientiert:* Personalmarketing orientiert sich an den Bedürfnissen, Einstellungen und Wünschen der potenziellen und gegenwärtigen Mitarbeiter.
- *Denkkonzeption:* Personalmarketing-Grundsätze müssen sich erst in den Köpfen der Entscheidungsträger auf allen Unternehmensebenen durch- und festsetzen. Personalmarketing ist nicht nur Sache der Personalabteilung, sondern geht alle Betriebsangehörige an. Personalmarketing wird nicht zuletzt durch Mitarbeiterführung oder Schaffung eines guten abteilungsinternen Betriebsklimas realisiert, und dies können Vorgesetzte in den verschiedensten Bereichen leisten. Wenn es um die Verkörperung des Unternehmens als Arbeitgebermarke geht, sind alle Mitarbeiter auf allen Hierarchieebenen gefragt.
- *Handlungskonzeption:* Die Leitsätze des Personalmarketing müssen im Unternehmen auch umgesetzt werden und dürfen nicht nur eine „Gedankenspielerei" bleiben.
- *Aktuelle und potenzielle Mitarbeiter:* Ziel des Personalmarketing ist es, nicht nur qualifizierte Mitarbeiter anzuwerben, sondern sie auch langfristig an das Unternehmen zu binden. Insofern richtet sich Personalmarketing immer auch an die Mitarbeiter, die das Unternehmen eigentlich schon gewonnen hat.

1.3 Abgrenzung zu ähnlichen Begriffen

Ein internes Ziel des Personalmarketings ist die Festigung der Präferenzen sämtlicher Mitarbeiter. Jedoch darf dies nicht dahingehend verstanden werden, dass sämtliche interne Bereiche der Personalwirtschaft wie z. B. die Personalentwicklung oder -bindung nun Aufgabe des Personalmarketings wären. Die konkrete Ausgestaltung dieser Teilgebiete bleibt Aufgabe der entsprechenden Funktionsbereiche. Vielmehr soll das Personalmarketing als gedanklicher Bezugsrahmen oder als generelles Orientierungsprinzip dienen.

Personalmarketing bietet einen Orientierungsrahmen für andere Bereiche der Personalwirtschaft

Im Grunde ist das Personalmarketing als Leitbild, Denkweise oder Orientierungsrahmen in allen Feldern der Personalwirtschaft präsent. Gleichwohl gibt es natürlich typische und eher zentrale Aufgaben im engeren Sinne und andere Bereiche, auf die das Personalmarketing nur orientierend und im Sinne eines strategischen Gesamtkonzepts wirkt.

Die Kernaufgaben des Personalmarketings sind dreifach, sie bestehen in der *Personalforschung*, dem *externen* und dem *internen Personalmarketing* (näher hierzu siehe Kapitel 2.1). Dem Personalmarketing vorgeschaltet ist die *Personalplanung*. Hier wird zunächst der Personalbedarf ermittelt, also wie viele Personen mit welchen Qualifikationen gebraucht werden und ob dieser Bedarf intern oder extern gedeckt werden soll. Bei einer externen Besetzung wird sich die *Personalbeschaffung* mit der Stellenanzeige befassen und gegebenenfalls die Agentur für Arbeit informieren. Wird die Stelle intern besetzt, können Maßnahmen der *Personalentwicklung* erforderlich werden, mit denen bei Bedarf Mitarbeiter auf die neue Aufgabe vorbereitet werden.

Gemeinsamkeiten und Unterschiede zum klassischen Marketing

Neben der Personalwirtschaft besteht die engste Beziehung des Personalmarketings zum klassischen Marketing. Den besonders typischen Anwendungsfeldern des Marketings, etwa dem Konsumgüter- oder Business to Business-Marketing ist das Personalmarketing in unterschiedlichem Grade ähnlich. Ein auffallender Unterschied ist etwa die Wechselseitigkeit des „Vermarktens": Tatsächlich vermarktet ja nicht nur das Unternehmen Arbeitsplätze, sondern auch die Arbeitssuchenden ihre Arbeitskraft. Auffallend ist sicher auch, dass Entscheidungen für Güter oder Dienstleistungen in der Regel eine geringere Tragweite haben als die Entscheidung für einen Arbeitsplatz oder einen Mitarbeiter (Reich, 1992).

Gemeinsamkeiten bestehen freilich auf vielen Ebenen. So spielt etwa ähnlich wie beim klassischen Marketing auch beim Personalmarketing die Kenntnis der Zielgruppe eine entscheidende Rolle. *Zielgruppen-* und *Image-Analysen* gehören somit zum „täglich Brot" des Personalmarketing. Wenn Arbeitgeber für hochqualifizierte Mitarbeiter attraktiv sein und dies auch steuern wollen, dann interessieren sie sich dafür, wie die angezielten Personen denken, wie das Unternehmen bei den potenziellen Bewerbern aufgestellt ist und ob diese Wahrnehmung mit der Selbstwahrnehmung im Unternehmen übereinstimmt.

Wie bei einem Produkt oder einer Marke muss das Unternehmen sich auf dem Markt positionieren. Wir werden noch sehen, dass hierzu für einen Arbeitgeber mehr gehört als nur seinen wirtschaftlichen Erfolg, sein Produkt-

und Dienstleistungsimage, seinen allgemeinen Bekanntheitsgrad und die Unternehmensgröße hervorzukehren. Analog zu Konsumgütern kann das Unternehmen versuchen, eine regelrechte Arbeitgeber-Marke aufzubauen. Insgesamt ist es aber im Vergleich zu Konsumgütern vermutlich schwieriger, als Arbeitgeber eine USP, oder besser eine UEP, eine Unique Employer Proposition zu entwickeln, mit dem das eine Unternehmen von keinem anderen leicht kopiert werden kann. Dies zeigt sich schon bei den Instrumenten, die hierzu eingesetzt werden könnten. Einer der wichtigsten Unterschiede zum Marketing auf Gütermärkten liegt zum Beispiel bei der *Preis- und Konditionspolitik:* Zumindest die tariflichen Entlohnungssysteme funktionieren nicht nach Marktregeln, sondern werden durch Gesetze und Gewerkschaften stark eingeschränkt. Die wichtigste Besonderheit besteht darin, dass auf Arbeitsmärkten ein einmal erreichtes Lohnniveau praktisch nicht mehr unterschritten wird, so dass es vor allem keine Preisflexibilität nach unten gibt (Reich, 1992). Dies zeigt beispielhaft, dass Personalmarketing eben nur zum Teil und nicht auf allen Ebenen mit dem klassischen Marketing vergleichbar ist.

1.4 Bedeutung für das Personalmanagement

Personalmarketing wird in den Unternehmen weniger ernst betrieben als nötig wäre

Wie viele Marketing-Aktivitäten hat auch das Personalmarketing oft das Problem, dass die Unternehmen erst mühsam davon überzeugt werden müssen, dass man es braucht. Tatsächlich wird Personalmarketing häufig nur nebenher von einem Mitarbeiter der Personalabteilung erledigt. Die nötigen Daten für ein in sich stimmiges Vorgehen liegen in der Regel nicht vor und bisherige Bemühungen werden selten evaluiert. Am ehesten noch wird die Notwendigkeit gesehen, um Hochschulabsolventen zu werben, als Folge daraus erschöpft sich Personalmarketing dann aber in reinem Hochschulmarketing (Deutsche Gesellschaft für Personalführung, 2004; Strutz, 1992).

Dieses Verhalten entspricht nicht im entferntesten den offensichtlichen Entwicklungen am Personalmarkt. Ohne mit einem viel strapazierten Begriff gleich einen „war for talents“ auszurufen, kann man nüchtern einen Mangel an Fachkräften feststellen und für die weitere Zukunft vorhersagen. Hohe Arbeitslosenzahlen stellen hier für die Betriebe keine „Beruhigung“ dar.

Fachkräftemangel trotz hoher Arbeitslosigkeit

Zum einen nämlich besteht die Gruppe der gemeldeten Arbeitslosen auch aus solchen Personen, die dem Arbeitsmarkt eigentlich gar nicht zur Verfügung stehen, sei es, weil sie tatsächlich nur die staatlichen Leistung hinterziehen, sei es, weil sie insgesamt arbeitsunwillig oder zumindest nicht bereit sind, zeitweilig eine Arbeit unterhalb ihres Qualifizierungsniveaus anzunehmen (Strutz, 1992).

Zum anderen sind aber auch viele für den Arbeitsmarkt interessante Personen nicht arbeitslos gemeldet. Über Jahre hat sich eine „stille Reserve“

an Personen gebildet, die sich trotz Qualifikation nicht am Arbeitsmarkt beteiligen (Moser, 1992). Ein Grund hierfür liegt häufig in der Befürchtung, ohnehin geringe Chancen zu haben oder zumindest auf Widerstände zu stoßen. Solche Erwartungen mögen zum Beispiel Frauen nach der Erziehungsphase davon abhalten, sich arbeitssuchend zu melden. Ähnliche Erwartungen und Befürchtungen haben aber auch Schulabgänger und noch viel mehr Behinderte, Rentner und Pensionäre oder Ausländer, die alle unter Umständen für den Arbeitsmarkt interessant sind, aber von sich aus keine Anstrengungen unternehmen, eine Arbeit zu finden. Gerade um diese letztere Gruppe zu erreichen, müssen Betriebe andere Wege einschlagen als die über die Arbeitsämter bzw. die Agenturen für Arbeit (siehe hierzu Avery & McKay, 2006). Eine zukünftige Herausforderung an das Personalmarketing wird jedenfalls darin bestehen, die „stillen Reserven" des Arbeitsmarktes zu mobilisieren (siehe auch Kapitel 4.4.1).

1.4.1 Unterschiedlich hohe Arbeitslosigkeit bei unterschiedlicher Qualifikation

Mangel besteht vor allem bei hochqualifiziertem Nachwuchs

Unterschiedliche Qualifikationsstufen sind ohnehin unterschiedlich von Arbeitslosigkeit betroffen. Unter den gering qualifizierten Arbeitskräften mag es noch ein Überangebot geben. Auf dem Teilarbeitsmarkt der Hochqualifizierten und Akademiker bestehen dagegen durchaus Engpässe (Bonin, Schneider, Quinke & Arens, 2007; Hofstetter, 1992; Reinberg & Hummel, 2003). So blieben zum Beispiel über das gesamte Jahr 2006 circa 165.000 Stellen für Hochqualifizierte, davon 83 % der Stellen für Absolventen der Mathematik, Informatik, Naturwissenschaft und Technik, unbesetzt (Institut der deutschen Wirtschaft, 2007).

Dies hat bereits jetzt Folgen für das Verhalten der Unternehmen, so etwa bei Standort-Entscheidungen. Barthel (2006) untersuchte die Standort-Präferenzen von High-Tech-Unternehmen aus den Branchen Optik und Medizin-Technik: Der bei weitem dominierende Faktor für die Standort-Entscheidungen war das Potenzial an Fachkräften. Auch dies mag ein Indiz dafür sein, dass es für Unternehmen keine Selbstverständlichkeit ist, hochqualifizierte Mitarbeiter zu gewinnen.

Auch Politik und Gesetzgebung haben zum Problem beigetragen: Der Ärztemangel in strukturschwachen Regionen und in Kliniken ist sicher zum großen Teil eine Folge von Gesundheits- und Personalpolitik. So führen etwa im Klinikbereich veränderte Arbeitszeitgesetze notwendig zu einem erhöhten Personalbedarf (Schlabinger & Hansen, 2004). Die Veränderungen in der demografischen Struktur machen zudem bekanntlich Reformen im Gesundheitssystem notwendig, die ihrerseits wiederum den Arztberuf für den Nachwuchs weniger attraktiv erscheinen lassen.

Die Anforderungen an Arbeitnehmer haben sich verändert

In vielen anderen Wirtschaftszweigen geht die Arbeitslosigkeit bei gleichzeitigem Fachkräftemangel auf die veränderte Wirtschaftsstruktur zurück: Künftig werden Dienstleistungen und das Bereitstellen von Wissen eine größere Rolle spielen. Im Dienstleistungssektor steigt der Anteil an Erwerbstätigen kontinuierlich, während im primären (vor allem Landwirtschaft und Fischerei) und im sekundären Sektor (vor allem Industrie) das Arbeitsangebot abnimmt (Oechsler, 1997, S. 12). Ausführende Tätigkeiten werden immer seltener nachgefragt, an Bedeutung gewinnen demgegenüber planende und überwachende Tätigkeiten. Damit schrumpft der Markt für ungelernte Arbeitskräfte. Dagegen steigt der Anteil der Beschäftigten, die eine betriebliche Ausbildung oder gar ein Hochschulstudium aufweisen (Jung, 2003, S. 836).

Der künftige Nachwuchs am Arbeitsmarkt muss, wie sich zeigt, ein hoch qualifizierter Nachwuchs sein (Bonin et al., 2007). Ungelernte Kräfte und Personen mit nur geringer und bloß fachlicher Qualifikation werden dagegen in Zukunft immer geringere Chancen auf dem Arbeitsmarkt haben.

Ob allerdings das erwartete Qualifikationsniveau mit dem Bestand an Arbeitssuchenden in Zukunft erreicht werden kann, muss man bezweifeln. Mindestens zwei Gründe kommen hierfür in Frage: Die Demografie und die Qualifikationstrends in der Bevölkerung (Reinberg & Hummel, 2003, S. 3).

1.4.2 Demografische Entwicklung

Geburtenentwicklung

Zunächst wird sich der befürchtete Mangel an Fachkräften durch den sozialen Wandel immer weiter verstärken: Durch die geringe Geburtenzahl in Deutschland wird sich die Gesamtbevölkerung verringern. Hiervon sind selektiv insbesondere Bevölkerungsschichten mit hohem Qualifikationsniveau betroffen. Wenn man nun davon ausgeht, dass das Erreichen hoher Qualifikationsstufen mindestens zum Teil durch genetische Faktoren mitbestimmt wird, verringert sich also insbesondere das Reservoir an Personen, die günstige Voraussetzungen für hohe Qualifikationen mitbringen. Gleichzeitig wird sich die Altersstruktur verschieben, der relative Anteil älterer Personen an der Gesamtbevölkerung wird wachsen (Führing, 2002).

Insgesamt ist zu erwarten, dass sich das Potenzial an Erwerbspersonen mittelfristig verringert, insbesondere im tertiären Sektor. Der Mangel an Arbeitskräften wird je nach beruflicher Qualifikation unterschiedlich ausfallen: In den kommenden Jahren scheiden erheblich mehr Akademiker aus dem Arbeitsleben aus, als durch den Nachwuchs an höher qualifizierten Erwerbspersonen ersetzt werden können. Ein Überangebot an Arbeitskräften ist nur bei Erwerbspersonen mit niedrigem Qualifikationsniveau zu erwarten (Lange, 1996, S. 38).

1.4.3 Qualifikationstrends: Ausbildungsangebot und Berufswahl

Der Mangel an hochqualifizierten Mitarbeitern geht sicher zum einen auf die geringe absolute Zahl an Nachwuchskräften zurück. Zum anderen hat es aber auch mit den Berufs- und Ausbildungsentscheidungen der potenziellen Nachwuchskräfte zu tun. Schon seit Beginn der 90er-Jahre war bei der Qualifikationsstruktur in Deutschland eine Stagnation zu beobachten (Reinberg & Hummel, 2003): Seit dieser Zeit besitzt relativ stabil ein Drittel der (damals westdeutschen) Bevölkerung im erwerbsfähigen Alter keinen Berufsabschluss. Die Menge der Studienanfänger pro Jahrgang liegt zwischen 35 und 37 % (OECD, 2008). Die Anstiege der Akademikerquoten der vorausgegangenen Jahre haben sich nicht in der erwarteten Kontinuierlichkeit fortgesetzt. Von 2000 bis 2006 ist der Anteil an Hochschulabsolventen in Deutschland lediglich von 18 auf 21 % gestiegen. Dies geht im übrigen seit Jahren schon im wesentlichen auf die verstärkten Bildungsanstrengungen der Frauen zurück (OECD, 2008). Im internationalen Vergleich sind diese Zahlen geradezu alarmierend. Im OECD-Schnitt steigen die Zahlen der Studienanfänger und der Graduierten nicht nur deutlich stärker, sondern auch auf viel höherem Niveau (z. B. bei den Abgängern von 28 auf 37 %, OECD, 2008).

Die Akademikerquote in Deutschland liegt unter dem OECD-Durchschnitt

Gemeinsam mit der geringen Absolut-Zahl an Nachwuchskräften hat die Stagnation der Qualifikationsstruktur in den kommenden Jahren folgende zwei Konsequenzen: Hoch qualifizierte Mitarbeiter werden zukünftig im Durchschnitt älter und wesentlich häufiger als in der Vergangenheit weiblich sein. Im Jahr 2015 werden die dann 50- bis 64-Jährigen mit 22 % den mit Abstand höchsten Akademiker-Anteil und mit 9 % die niedrigste Ungelerntenquote haben (Reinberg & Hummel, 2003).

Die Personalpolitik der Zukunft muss sich daher, um den laufenden Entwicklungen gerecht zu werden, sehr viel stärker als bisher an ältere Arbeitnehmer, an Frauen und an qualifizierte Fachkräfte aus dem Ausland richten (siehe Abbildungen 1 und 2 sowie Kap. 4.4.1). Die zukünftige Personalpolitik muss zudem verstärkt eine Nachqualifizierung von Erwerbspersonen ohne abgeschlossene Berufsausbildung innerhalb der Betriebe ermöglichen.

Auch innerhalb der hoch qualifizierten Ausbildungen bestehen weitere Risiken für zukünftige Engpässe. Problematisch sind hier zum einen die Studien- und Berufsentscheidungen der potenziellen Bewerber, zum anderen aber auch der wachsende Bedarf an Spezialisten mit besonderem Qualifikationsprofil.

Berufsentscheidungen beruhen häufig auf einer Erwartung an die zukünftige Entwicklung, eben die Erwartung, dass eine bestimmte Qualifikation nach Ende der Ausbildung gefragt sein wird. Diese Erwartungen sind oft hochproblematisch, insbesondere, wenn unverhältnismäßig viele Leute ihnen

Berufsentscheidungen der Nachwuchskräfte gehen oft am Markt vorbei

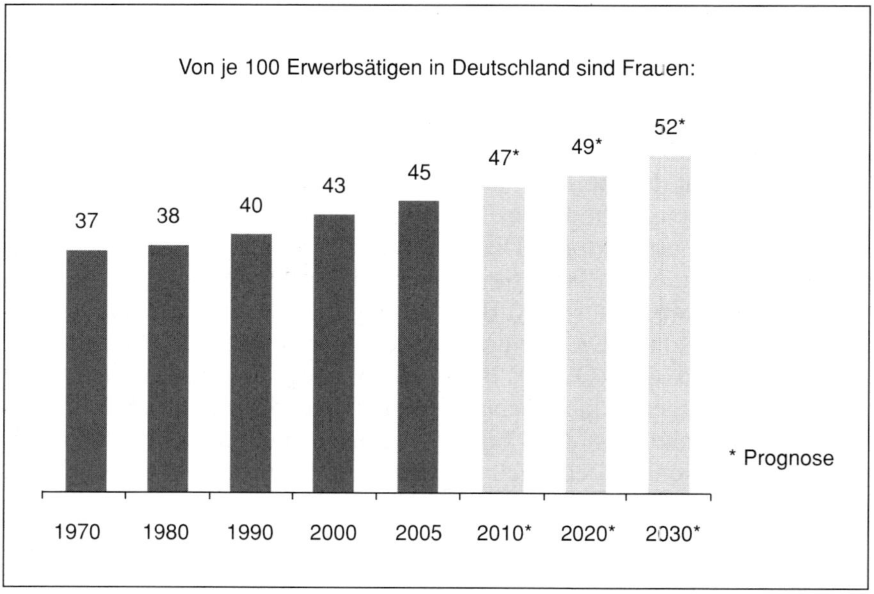

Abbildung 1:
„Die Arbeitswelt wird weiblich" (Stiftung für Zukunftsfragen, 2008).
In vielen Akademischen Ausbildungsgängen bilden Frauen die Mehrheit (OECD, 2008) und werden damit zu einer der wichtigsten Zielgruppen für das Personalmarketing.

gleichzeitig folgen. Brost, Meyer-Timpe und Schulte (2006) zitieren einen Mitarbeiter des Bonner Instituts Zukunft der Arbeit mit den Worten: „Die Leute [zeigen] bei der Berufswahl das gleiche Herdenverhalten wie an den Aktienmärkten ... Am besten man studiert genau das, was das Arbeitsamt gerade nicht massenhaft empfiehlt" (S. 17).

So warnt etwa Strutz (1992) davor, am Markt vorbei zu entscheiden. Die Hochschulen konzentrierten sich zu stark auf die Wirtschafts-, Sozial- und Geisteswissenschaften. Ein Mangel an Ingenieuren sei vorprogrammiert.

Rund zehn Jahre später ist die Situation nicht besser: Während die Wirtschaftswissenschaften noch relativ stabile Absolventenzahlen verzeichnen, zeichnet sich ein Akademikermangel für die Ingenieur-, Rechts- und Verwaltungswissenschaften ab (Führing, 2002).

Zudem bemängeln viele Unternehmen die Ausbildung selbst: Nach einer Umfrage des VDI wünschen mehr als 50 % der deutschen Unternehmen stärker spezialisierte und zielgerichtete Studiengänge (VDI Nachrichten, 2004). Allerdings sind Spezialisierungen am Markt vorbei mit Sicherheit besonders nachteilig: Das Missverhältnis zwischen Stellen und Bewerbern im Ingenieursberuf bedeutet nämlich keineswegs, dass jeder Ingenieur auch mit einer Stelle rechnen kann. Die früheren Betriebsingenieure, die sich um die

Abbildung 2:
„Erfolg steht Ihnen gut". aus Deutsche Telekom (2009) Arbeitgeberimagekampagne, Motto: We Change. Your Chance.

Wartung der Maschinen kümmerten, werden heute durch Facharbeiter ersetzt; Personen, deren Qualifikation nicht über dieses Niveau hinausgeht, sind durchaus von Arbeitslosigkeit bedroht. Was fehlt, sind in der Regel

Spezialisten mit je unterschiedlichen besonderen Kompetenzen (Brost et al., 2006). Auch diese Entwicklungen unterstreichen die Notwendigkeit, Mitarbeiter vor Ort weiter zu qualifizieren.

1.5 Betrieblicher Nutzen

Personalmarketing ist angesichts der beschriebenen Entwicklungen nötig, um die erforderlichen Arbeitskräfte zu gewinnen und zu halten. Wenn es einem Unternehmen gelingt, bei Bewerbern und Mitarbeitern eine langfristige Präferenz zu den eigenen Gunsten aufzubauen, wird es um Stelleninteressenten nicht verlegen sein und muss keine zu hohen Abwanderungen aus dem Betrieb befürchten. In dieser Allgemeinheit ist der Nutzen eines erfolgreichen Personalmarketings offensichtlich. Die folgenden Ausführungen sollen zwei Nutzen-Gesichtspunkte etwas spezifischer aufgreifen:

Bessere Passung von Bewerber zu Stellen

Zum Marketing gehört eine konsequente Zielgruppenorientierung. Dies bedeutet für das Personalmarketing, dass man sich in der Personalarbeit eine klare Vorstellung über Wünsche, Bedürfnisse, Fähigkeiten und Denkweisen der potenziellen und aktuellen Mitarbeiter macht und versucht, aus dieser Kenntnis heraus auf die Zielgruppe einzugehen. Dies bedeutet nicht nur eine hohe Wertschätzung der Mitarbeiter. Die Kenntnis der Zielgruppe kann auch zu einer Profilierung des Unternehmens genutzt werden, nämlich indem das Unternehmen klar kommuniziert, wer zu ihm passt und wer nicht. Der Abgleich von Zielgruppen-Merkmalen und Anforderungen des Unternehmens ist Teil des Aufbaus und der Pflege einer Arbeitgebermarke (siehe Kapitel 2.2.1). Er kann zudem dazu führen, dass Bewerber realistischere Erwartungen an die Beschäftigung im jeweiligen Betrieb entwickeln und dass sich in der Folge der Bewerberpool auf Personen beschränkt, die hinreichend geeignet und motiviert sind, um dem Unternehmen zum Erfolg zu verhelfen. Es spart mit Sicherheit Kosten, wenn sich Unternehmen nur noch mit geeigneten und interessierten Bewerbern beschäftigt. Es spart weiterhin Kosten, wenn dank einer stabilen Präferenz zugunsten des Unternehmens Mitarbeiter nicht abwandern und die Fluktuation im Betrieb gering bleibt.

Geringere Fluktuation

Eine hohe Fluktuation ist in der Regel für das Unternehmen nachteilig: Jede Neueinstellung zieht hohe Personalkosten und Personalnebenkosten nach sich. „Zum Beispiel belaufen sich die Kosten für Personalgewinnung, Personalauswahl und Einarbeitung je nach Qualifikationsniveau auf 50–200 % eines Jahresgehalts“ (Rehn, 1993, S. 77). Einarbeitung und Personalentwicklung sind für das Unternehmen Investitionen in eine Zukunft, zu der es oft gar nicht erst kommt. Die eigentlich erforderliche Erfahrung baut sich erst nach Jahren im Betrieb auf. Aber oft bleiben die Mitarbeiter gar nicht lange genug, um für das Unternehmen wirklich rentabel zu werden. Zudem wirkt die Fluktuation auch auf das Betriebsklima. Das Ausscheiden eines Mitarbeiters kann die verbleibenden Personen belasten, indem diese nun noch mehr Aufgaben erhalten. Es untergräbt aber auch den Gruppenzusammenhalt. Sollte ein hochqualifizierter Mitarbeiter gar zur Konkurrenz wechseln, wird das Unternehmen zusätzlich in seiner Wettbewerbsfähigkeit geschwächt (Steiner, 2004). Eines der wichtigsten Ziele des Personalmarketing besteht eben genau darin, die Fluktuation im Betrieb und damit unnötige Kosten gering zu halten.

2 Theorien und Modelle des Personalmarketing

Personalmarketing kann man strukturieren nach
– Aktionsfeldern oder
– Zielen

Zwei unterschiedliche Blickwinkel auf das Personalmarketing sollen uns im folgenden beschäftigen. Es wird darum gehen, was man beim Personalmarketing genau macht und was man damit erreichen will. Unter die Überschrift *Aktionsfelder* werden in Kapitel 2.1 die Bereiche gefasst, in denen Personalmarketing greift. Hier wird sich unter anderem zeigen, dass sich Personalmarketing nicht nur an Bewerber wendet, die noch gewonnen werden müssen, sondern auch an Mitarbeiter, die vermeintlich längst gewonnen wurden.

Und welches Ziel steht hinter den Bemühungen in den unterschiedlichen Aktionsfeldern? In Kapitel 2.2 wird sich zeigen, dass mehrere Ziele angestrebt werden. In Bezug auf das Unternehmen ist das Ziel der Aufbau einer Arbeitgebermarke, in Bezug auf die Mitarbeiter ist das Ziel, Bewerber zu gewinnen, zu integrieren und zu halten.

2.1 Drei Aktionsfelder des Personalmarketings

Traditionell umfasst das Personalmarketing drei Aktionsfelder: die Personalforschung, den externen und den internen Personalmarkt (Strutz, 1993):

2.1.1 Personalforschung

Wie entwickelt sich der Arbeitsmarkt?

Für die Personalplanung ist von großer Bedeutung, wie sich der Arbeitsmarkt entwickelt. Den Ausgangspunkt des Personalmarketings bilden daher Daten und Forschungsarbeiten. Überblicksarbeiten und Lehrbücher zum Personalmarketing enthalten fast immer – meist gleich zu Anfang – einen Überblick über die aktuelle demografische Situation: Wie viele Arbeitsplätze stehen für wie viele potenzielle Mitarbeiter zur Verfügung? Wie entwickelt sich die Bevölkerung? Wie entwickeln sich die Qualifikationen der potenziellen Erwerbstätigen? Wie sehen Studienwünsche von Abiturienten und wie die Berufswünsche der Absolventen aus?

Unternehmen beanspruchen diese Informationen für ihre spezielle Branche. Zudem ist noch von Interesse, welches Image bestimmte Tätigkeiten, bestimmte Branchen und bestimmte Unternehmen bei den potenziellen Bewerbern haben.

Sekundärdaten

Analysen zu den relevanten Arbeitsmarkt- und Bevölkerungsstrukturen oder über das Ausbildungsverhalten der Zielgruppen liegen zum Teil als Sekundärdaten bereits vor. Hier kann man sich über die Agentur für Arbeit, über statistische Bundes- oder Landesämter, den Bildungsbericht der OECD aber auch über Verbände oder Kammern informieren.

Wichtig sind aber auch psychologische Faktoren, etwa Einstellungen und Werthaltungen von potenziellen Arbeitnehmern. Auch hierzu kann es bereits Sekundärdaten geben, so etwa auch hier bei der Agentur für Arbeit. In Frage kommen aber auch andere Forschungsarbeiten wie zum Beispiel die Shell-Studie, die Universum Graduate Survey, die access-Survey, das Trendence-Absolventenbaromenter, Forschung der Stiftung für Zukunftsfragen oder der Jugendbericht der Bundesregierung.

Unternehmensimages

Auch das Unternehmensimage ist ein Thema der Personalforschung, wobei aber weniger das Image der Produkte oder Dienstleistungen, sondern mehr das Image als Arbeitgeber im Zentrum steht. Solche Analysen sollten natürlich auch die Konkurrenz einbeziehen. Sie können nur selten über Sekundärforschung geleistet werden. Erst mit solchen Daten können Unternehmen längerfristig Personalpolitik konzipieren, also etwa Leistungsanreize, Personalwerbung oder Entwicklungsmaßnahmen gestalten, vor allem aber: Eine Arbeitgebermarke aufbauen (siehe Kapitel 2.2.1).

Personalforschung nach außen und nach innen

Die genannten Analysen sind Teil einer „Personalforschung nach außen“ (Strutz, 1992). Eine „Personalforschung nach innen“ befasst sich mit internen Abläufen im Unternehmen, denn alles, was im Unternehmen geschieht, kann sich auf seine Attraktivität als Arbeitgeber auswirken und ist daher für das Personalmarketing relevant. Hierzu zählen nicht nur objektive Daten wie z. B. Fehlzeiten, Unfälle oder Fluktuation. Psychologische Variablen wie etwa erneut das Image des Unternehmens, wahrgenommener Führungsstil oder Betriebsklima bestimmen in hohem Maße die Befindlichkeit der Mitarbeiter. Sie bestimmen damit auch, wie Mitarbeiter effektiv an das Unternehmen gebunden werden können. Sie sind zentrale Themen der Personalforschung nach innen.

Personalforschung nach außen wie nach innen leisten Unternehmen oft nicht selbst, sie kann von außen eingekauft werden. Die Beschaffung und Aufbereitung genau solcher Informationen wie oben beschrieben stellt ein Haupt-Tätigkeitsfeld professioneller Personalmarketing-Agenturen dar.

2.1.2 Externes Personalmarketing

Imagegestaltung, Public Relation

Das Unternehmensimage beeinflusst die Wahrscheinlichkeit, dass sich potenzielle Mitarbeiter überhaupt bewerben (Belt & Paolillo, 1982). Das externe Personalmarketing hat daher vor allem die Aufgabe, das Unternehmen nach außen attraktiv zu machen, positiv zu positionieren und zu profilieren. Hierzu werden die besonderen Kompetenzen des Unternehmens herausgestellt, etwa durch Imageanzeigen, Firmenbroschüren und den Internetauftritt. Auch die Zusammenarbeit mit der Presse kann eine Aufgabe des Personalmarketings sein. Imagebildend wirken nämlich nicht zuletzt redaktionelle Beiträge in der Fach- und Tagespresse.

Auch das Image von Tätigkeiten im Unternehmen kann vom externen Personalmarketing gestaltet werden. Gerade hier könnte es nämlich in der Öffentlichkeit falsche oder einseitige Vorstellungen geben. Zum Beispiel rechnen die meisten Arbeitssuchenden bei Kliniken vor allem mit Arbeitsstellen aus dem Bereich Pflege, Medizin, Verwaltung und Hauswirtschaft. Tatsächlich sind die hier möglichen Tätigkeiten viel reichhaltiger. Gerade Absolventen mit wirtschaftswissenschaftlicher oder technischer Ausbildung werden hier ausbildungsnahe Tätigkeiten vorfinden, so etwa Qualitätsmanagement, medizinisches Controlling, operationstechnische Assistenz oder andere technische Tätigkeiten (Schlabinger & Hansen, 2004). Solche, vielleicht zunächst erwartungswidrigen Tätigkeitsprofile mit dem Unternehmen zu verbinden, ist ebenfalls eine Aufgabe des externen Personalmarketings.

Beschaffungsmaßnahmen für das künftige Personal

Im Rahmen des externen Personalmarketings entscheidet das Unternehmen zudem über die Beschaffungswege und -maßnahmen für das künftige Personal: Wie und über welche Medien soll das Unternehmen Stellen ausschreiben? Zum Beispiel würde man die Stelle für die Köchin im Krankenhaus eher in eine Tageszeitung, die Ausschreibung für die Stelle der Stationsschwester aber eher in eine Fachzeitschrift setzen (Schlabinger & Hansen, 2004, S. 63).

Bewerbermanagement

Weiterhin fragt man beim externen Personalmarketing: Welche Angebote sollen in den Ausschreibungen formuliert werden? An welchen Messen soll sich das Unternehmen beteiligen, welche Informationen an Schüler, Studierende und Auszubildende weitergeben?

Auch die eigentliche Bewerberauswahl lässt sich noch den Aufgaben des externen Personalmarketings zurechnen: Nach welchen Kriterien sollen Bewerbungsunterlagen gesichtet und Bewerber eingeladen werden? Wie sollen Kontakte zu den Bewerbern gestaltet werden? Was wird mit den eingeladenen Bewerbern gemacht, was soll man von ihnen verlangen? Welche konkreten Angebote soll man ihnen machen, aber auch: Was sollen sie bei der Bewerbung erfahren, was soll man ihnen zeigen, wen sollen sie treffen?

2.1.3 Internes Personalmarketing

Instrumente des internen Personalmarketings

Wenn das externe Personalmarketing das Unternehmen für potenzielle Bewerber attraktiv machen soll, dann hat das interne Personalmarketing dieselbe Aufgabe gegenüber den Mitarbeitern, die das Unternehmen schon hat. Ein mögliches Instrument hierbei ist die Personalentwicklung, die neben vielen anderen Funktionen natürlich auch ein wesentliches Attraktivitätsmerkmal darstellt und das Unternehmen für seine Mitarbeiter aufwerten kann. Es fördert eben nicht nur die fachliche Kompetenz, sondern auch die Zufriedenheit der Mitarbeiter, wenn die Angehörigen des Unternehmens sich weiterbilden oder an Trainings teilnehmen können. Auch die Strukturen im Unternehmen wirken sich stark auf die Befindlichkeit der Mitarbeiter aus: Kurze Dienstwege und eine Politik der offenen Tür, die den Informationsfluss und den Kontakt zwischen Vorgesetzten und Mitarbeitern erleichtern, können in dieser Hinsicht ein Unternehmen aufwerten (Schlabinger & Hansen, 2004). Weitere Instrumente des internen Personalmarketings sind Anreizsysteme, Karriere- und Aufstiegsmöglichkeiten und Maßnahmen zur Pflege des Betriebsklimas.

Entscheidend ist beim internen Personalmarketing, dass sich das nach außen kommunizierte Bild des Unternehmens und das Bild, das die darin beschäftigten Mitarbeiter davon haben, entsprechen. Dem internen Personalmarketing stellt sich aber nicht nur die Aufgabe, den Mitarbeitern das selbe Unternehmensbild zu vermitteln, das auch nach außen getragen wird. Dieses Image muss auch in der Realität wiederzufinden sein, es darf also nicht der Eindruck einer „Mogelpackung" (Strutz, 1992) entstehen.

„Employer-Branding"

Ein in sich stimmiges personalpolitisches Leistungspaket ist ein weiterer wichtiger Beitrag zum „Employer-Branding" (vgl. Gmür, Martin & Karczinski, 2002, 2.2.1). Hinzu kommen muss hier dann aber auch eine klare Identität des Unternehmens mit Profilmerkmalen wie z. B. Fairness, Verantwortungsbewusstsein oder Sicherheit. Dieses „Image" muss auch nach außen – auf Hochschulmessen, in Stellenanzeigen, im Internet und so weiter – konsistent vertreten werden. Im günstigsten Fall erscheint das Unternehmen nicht nur den eigenen sondern auch potenziellen Mitarbeitern als attraktiver Anbieter von Stellen, Karriere- und Selbstverwirklichungschancen.

Fallbeispiel
Als besonderes Negativ-Beispiel für ein vernachlässigtes internes Personalmarketing nennen Schlabinger und Hansen (2004) die Kliniken der Vergangenheit: Bei hoher Arbeitsbelastung, unattraktiven Arbeitszeiten und starker Abhängigkeit der Pfleger und Ärzte von ihren jeweiligen Vorgesetzten, hätten dort gleichzeitig stets „rauhe Sitten" geherrscht (S. 66).

Das Image der Pflegeberufe sei nicht weiter hinterfragt und noch weniger selbst ‚gepflegt‘ worden. Es habe weder Weiterbildungsangebote noch Mitarbeitergespräche, Zielvereinbarungen oder gar Mitarbeiterbefragungen gegeben. Ein Personalbereich als Dienstleister am Mitarbeiter sei hier noch ein Novum, dessen Bewährung nun ausstehe.

Die Ergebnisse des internen Personalmarketings werden zu einem Element des externen, wenn Arbeitssuchende eine ihrer bevorzugten Informationsquellen zu den Unternehmen nutzen, nämlich das „Gespräch mit Beschäftigten“. Persönliche Kontakte spielen für das Unternehmensimage und die Bereitschaft, sich zu bewerben, eine herausragende Rolle (Cable & Graham, 2000; Gelbert & Inglsperger, 2008, siehe auch Tabelle 1; Watzka, 2003).

2.2 Ziele des Personalmarketings

Die Ziele des Personalmarketings sollen im Folgenden unter zwei unterschiedlichen Gesichtspunkten betrachtet werden, nämlich zum einen als Ziele, die sich eher auf das Unternehmen beziehen (Kapitel 2.2.1) und zum anderen als Ziele, die eher auf die Mitarbeiter konzentriert sind (Kapitel 2.2.2). Auf das Unternehmen bezogen kann man die Analogie zum klassischen Marketing noch weiter führen und fordern, dass sich der Arbeitgeber als Marke positioniert. Auf die Mitarbeiter bezogen hat das Personalmarketing die Aufgabe, Personalbestand und Nachwuchs insgesamt zu sichern, und dies bedeutet nicht nur, dass Mitarbeiter gewonnen, sondern auch, dass sie gehalten werden sollen.

2.2.1 Aufbau einer Arbeitgebermarke

Zwei große Energieversorger werben in ihrer Personalanzeige. Der Slogan der einen: „Unsere Energie, Ihr Antrieb“, dagegen nun der Claim der zweiten: „Ihre Energie ist unser Antrieb.“ Dieses Beispiel (zit. n. Pett & Kriegler, 2007, S. 18) zeigt anschaulich das Problem der Unternehmen in der Arbeitgeberrolle: Der Mangel an Eigenständigkeit, an Profilierung, an Positionierung. Diese fehlende Eigenständigkeit soll durch den Aufbau einer Arbeitgebermarke, durch „Employer Branding“ (z. B. Forster, Erz & Jenewein, 2007) erreicht werden.

Gemeinsamkeiten und Unterschiede zu Konsumgüter-Marken

Auch diese Idee besteht zunächst daraus, dass ein Begriff, den man vor allem aus dem Konsumgütermarketing oder von der Vermarktung von Dienstleistungen kennt, auf Unternehmen in ihrer Rolle als Arbeitgeber zu übertragen. In der Tat finden sich hier schnell Parallelen: Marken sollen in einem Überfluss an Angeboten Orientierungshilfe geben. Sie tun dies, indem sie

Informationen repräsentieren, die aktuell nicht gegeben sind. Die Marke steht für ein kognitives Schema, für ein Geflecht von Assoziationen, die gleichzeitig mit dem Markenbegriff aktiviert werden. Im günstigsten Fall erzeugt die Marke allein schon das Vertrauen, das sonst erst aus einer langen Erfahrung mit dem Unternehmen hervorgehen würde. Menschen nutzen Marken auch, um sich aufzuwerten oder um mit ihrer Hilfe zu kommunizieren, wie sie sich selbst sehen. Insofern erfüllen Marken auch eine Prestige- und Identifikationsfunktion (siehe hierzu auch Esch, 2004; Meffert, Burmann & Koers, 2005).

Dies sind Funktionen, die Arbeitgebermarken genauso erfüllen können wie Dienstleister oder Konsumgüter. Allerdings hat die Analogie auch Grenzen: Im Unterschied etwa zu einer Waschmittelmarke investiert der Kunde, also der Bewerber und Mitarbeiter in die Arbeitgebermarke nicht nur seine nächsten Wäschen, sondern seine zukünftige Lebenszeit. Außerdem schaut der Kunde hier mehr als bei anderen Marken „hinter die Kulissen", es bestehen also ganz andere Möglichkeiten, die Versprechen der Marke zu prüfen (Pett & Kriegler, 2007).

Mitarbeiter sind Markenbotschafter

Schließlich wird der Bewerber, sobald er zum Unternehmen gehört, zu einem Teil der Marke. Mitarbeiter sind unweigerlich Markenbotschafter für das Unternehmen, dem sie angehören. Daher muss das Verhalten der Mitarbeiter zur Arbeitgebermarke passen, und es ist eine eigene Aufgabe, dies auch sicherzustellen. Dieser Aspekt des Markemanagements wird auch als *Behavioral Branding* bezeichnet und vom *Employer Branding* unterschieden (z. B. Forster et al., 2007). Im Grunde ist Behavioral Branding dem Employer Branding untergeordnet, denn die Arbeitgebermarke legt ja erst fest, welches Verhalten ein markenkonformes Verhalten ist. Ein charakteristischer Unterschied zwischen diesen beiden Formen des Markenaufbaus bleibt aber: „[mit seiner Employer Brand] *richtet* das Unternehmen ein Versprechen an seine Mitarbeiter, mit Behavioral Branding dagegen *fordert* das Unternehmen ein markenkonformes Verhalten von seinen Mitarbeitern gegenüber diversen Anspruchsgruppen ein" (Forster et al., 2007, S. 283, Hervorhebungen im Original).

Entwicklung der Arbeitgebermarke

Ein Unternehmen als Arbeitgeber zu profilieren, geht über die Profilierung mit der Geschäftstätigkeit hinaus. Die Merkmale eines Arbeitsgebers sollten zwar denen des Dienstleisters bzw. Geschäftspartners nicht widersprechen, sie setzen aber andere Akzente: „Fairness, Verantwortungsbewußtsein, Leistungsorientierung, Härte, Sicherheit oder Freundlichkeit" (Gmür et al., 2002, S. 14) werden auf Mitarbeiter bezogen und diese Wahrnehmung muss nach außen erst noch etabliert werden. Der Versuch einer Positionierung beginnt sinnvollerweise mit der Personalforschung und geht dann über Schritte im internen Personalmarketing zum externen.

Häufig bildet eine Image-Analyse, die Konfrontation von Selbst- und Fremdbildern, den Ausgangspunkt der Arbeit. Aus diesem Bild werden dann Ziele abgeleitet, wie man das Unternehmen repräsentiert sehen möchte. Dies sollte bereits in größerem Kreis geschehen, Personalabteilung und Mitarbeiter sollten hieran in Form von Arbeitsgruppen beteiligt werden.

Ein mögliches Ziel hierbei ist eine „Unique Applying Proposition", die den Grund, warum man sich bei dem Unternehmen bewerben soll, auf den Punkt bringt. So hat z. B. das IT-Beratungsunternehmen *Softlab* seine einzigartige Identität auf die Formel gebracht „Softlab – das sind die Menschlichen" bzw. „A smiling Face is the best Interface" (siehe Gmür et al., 2002, S. 14).

Als nächstes sollten allgemeingültige Gestaltungsprinzipien für die Personalwerbung entwickelt und auf alle Kommunikationsmittel in analoger Weise angewendet werden. *Softlab* informierte parallel hierzu die Mitarbeiter unternehmensweit über E-Mails und Webseiten über die „Wandlung des *Softlab*-Selbstbildes" (Gmür et al., 2002, S.16). Entstanden sind bei dem Projekt unter anderem ein Messeszenario für Recruiting Messen, eine Anzeigenkampagne für den Personalanzeigenmarkt, ein Internetauftritt mit markengerechtem Design und eine Recruiting-Broschüre.

Ist die Markepositionierung gelungen, wird es auch zunehmend wahrscheinlich, dass potenzielle Mitarbeiter noch lange vor der eigentlichen Arbeitsplatzsuche eine positive Begegnung mit dem Unternehmen haben, an die sie sich auch später erinnern; „sei es beim zufälligen Durchsehen der Stellenanzeigen in der Tageszeitung, beim spontanen Surfen auf der Homepage der Unternehmung als Verbraucher oder aber bei Informationsveranstaltungen zu Zeiten des Studiums" (Gmür, Martin & Karczinski, 2002, S. 14).

2.2.2 Effektive Bestands- und Nachwuchssicherung

Personalmarketing war nur erfolgreich, wenn die gewonnenen Mitarbeiter sich im Unternehmen bewähren und darin verbleiben. Um dies zu erreichen, müssen internes und externes Personalmarketing zusammenwirken und dabei drei aufeinander aufbauende Ziele erreichen: Die *Attraktion*, die *Integration* und die *Retention* der Mitarbeiter. Diese Ziele werden in einem Modell von Maassen (z. B. 2004) zu dem Akronym *AIR* zusammengefaßt.

Ein verkürzt verstandenes Personalmarketing konzentriert sich auf das erste Ziel: die Attraktion, also die Gewinnung der Mitarbeiter und vernachlässigt die anderen beiden Ziele.

Dies ist gefährlich, ist doch gerade mangelnde Integration in das Unternehmen einer der bedeutendsten Gründe, aus denen Mitarbeiter kündigen. 80 % der Personen, die innerhalb der ersten drei Jahre ein deutsches Unternehmen verlassen, geben als Grund an, dass sie nicht in das Unternehmen integriert wurden. Gleichzeitig ist aber auch die Integration das am meisten vernachlässigte Element des Personalmarketings (Maassen, 2004).

Maassen (2004) führt dies auch auf eine verzerrte Sicht auf die Erfolgskriterien zurück, die er den Recruitern auf der einen und den Personalentwicklern auf der anderen Seite zuordnet. Die klassische Aufgabe eines Recruiters bestehe darin, „Bewerber für das Unternehmen zu begeistern, fast möchte man hinzufügen: koste es, was es wolle" (S. 85). Der Erfolg des Recruiters wird nach eingestellten Mitarbeitern gemessen. Diesem Berufsbild stellt Maassen (2004) den Personalentwickler gegenüber, dessen Erfolgkriterium die *Fluktuation* der Mitarbeiter ist. Entscheidend sei, wessen Erfolgskriterium das Unternehmen stärker betont.

Auch bei gelungener Integration ist es keinesfalls sicher, dass der Mitarbeiter beim Unternehmen bleibt. Zum Beispiel zeigt sich in den Ingenieursberufen, dass knapp 90 % der jungen Ingenieure ihre erste Arbeitsstelle innerhalb der ersten zwei Jahre verlassen. Sie sehen das Unternehmen nur als Sprungbrett und streben von dort aus nach Stellen mit höherer Bezahlung, Karrieresteigerung, mehr Verantwortung und interessanteren Aufgaben (Studie in VDI-Nachrichten, 2002, zit. n. Steiner, 2004). Dies ist auch der Lebensphilosophie bzw. der Karriereplanung der jungen Mitarbeiter geschuldet, die teilweise einen Arbeitswechsel nach zwei Jahren als „wünschenswert" angeben (Maassen, 2004).

Personalentwicklungsmaßnahmen, insbesondere in der Phase der Einarbeitung, haben häufig den Effekt, die Fluktuationsrate zu senken. So lag z. B. bei der Hypo-Vereinsbank die Fluktuationsquote unter den Absolventen eines Trainee-Programms bei 2,9 %, während sie ohne Programm bankweit 14 % betrug (Maassen & Vorbeck, 2003; ähnliche Daten auch in Maassen, 2004, S. 88).

Hohes Commitment senkt die Fluktuation

Geringe Fluktuation, hohe Einsatzbereitschaft, geringere Fehlzeiten und innovatives Verhalten sind Folgen von hohem Commitment (Moser & Schmook, 2001). Daher ist ein Ziel des Personalmarketings der Aufbau eines hohen Commitments im Betrieb. Wer ein hohes Commitment hat, fühlt sich in verschiedener Weise verpflichtet und verbunden. Allen und Meyer (1990) teilen die vorliegenden Modelle zum organisationalen Commitment in drei Kategorien ein: (a) affektive Verbundenheit, (b) wahrgenommene Kosten und (c) Gefühl der Verpflichtung.

Commitment als affektive Verbundenheit

Charakteristisch für die *affektive Verbundenheit* ist, dass man die Beziehung zum Unternehmen aufrecherhalten *möchte*. Dies zeigt sich etwa in einer hohen Identifikation mit den Normen und Werten der Organisation, einer hohen Anstrengungsbereitschaft und dem Wunsch, Teil des Unternehmens zu sein und zu bleiben.

Commitment als hohe wahrgenommene Kosten

Auch hohe *wahrgenommene Kosten* können zu einem hohen Commitment führen, dies aber eher in Form des Gefühls, dass man in der Organisation verbleiben *muss*. So beschreibt zum Beispiel Rusbult (1980) das Commitment in Partnerschaften als eine Funktion der bisherigen Investitionen: Wer viel in die Beziehung investiert hat, hat auch viel zu verlieren, wenn er die Beziehung wieder aufgibt. In der Tat hat natürlich jeder Aufwand und insbesondere jede irreversible Investition in eine Arbeitsstelle eine bindende Wirkung für den Arbeitnehmer. So wird etwa ein Umzug mit der ganzen Familie in die Nähe des Betriebs oder die Anmeldung der Kinder an die Schulen der Umgebung als eine Investition erlebt, die beim Verlassen des Betriebes einen Verlust und hohen Aufwand nach sich ziehen würde. Unter die wahrgenommenen Kosten subsumieren Allen und Meyer (1990; siehe auch Meyer & Allen, 1991) auch das Fehlen von Alternativen: Eine Aufgabe der jetzigen Position ist danach auch dann kostenintensiv, wenn daraufhin keine adäquaten Alternativen zur Verfügung stehen.

Commitment als Gefühl der Verpflichtung

Schließlich kann eine Person aufgrund eigener und Unternehmensnormen zu einem Gefühl der *Verpflichtung* kommen, dem zufolge sie im Unternehmen verbleiben *sollte*. Das Gefühl der Verpflichtung ist eine der am stärksten beeinflussbaren Komponenten, da zu diesem Gefühl auch die Entgegenkommen und Investitionen seitens der Organisation beitragen.

Commitment beruht nicht auf Äußerlichkeiten, sondern auf internalisierten Normen

Dem letzteren Commitment-Aspekt kommt die verbreitete Übersetzung des Begriffs als „Selbst-Verpflichtung" nahe. Diese Übersetzung zeigt auch, dass es sich beim Commitment um internalisierte Normen handeln muss. Von Commitment kann nämlich keine Rede sein, wenn der Grund, im Unternehmen zu bleiben, vom Mitarbeiter als rein äußerlich gesehen wird. Um einen ähnlichen Punkt zu betonen, bezeichnet z. B. Müller-Vorbrüggen (2004, S. 40) eine gelungene Personalbindung als „Bindung in Freiheit".

Die Orientierung an internalisierten Gründen ist sehr wichtig, denn die Betonung rein äußerlicher Gründe, eine Beziehung aufrecht zu erhalten, ist nicht nur kein Zeichen für Commitment. Sie ist im Gegenteil oft bereits ein Zeichen der Auflösung, denn üblicherweise werden externe Gründe für eine Beziehung erst dann salient, wenn bereits Auflösungstendenzen bestehen (Levinger, 1999). Daher ist der normative Druck der dritten Facette als Bindung an Normen zu verstehen, die die Person auch teilt.

Commitment ist eine Funktion von
– hoher Zufriedenheit
– geringer Qualität von Alternativen und
– hohen Investitionen

Allen und Meyer (1990) teilen das Commitment in drei Unterformen. Rusbult (1980) betrachtet in ihrem Modell das Commitment als nur eine Form, die eine Funktion dreier Faktoren (siehe Abbildung 3) ist. Danach ist das Commitment höher, wenn die Person mit der Beziehung zufrieden ist, wenn sie nur wenige oder wenig attraktive Alternativen zur Beziehung sieht und wenn sie bereits viel in die Beziehung investiert hat. Diese Faktoren tragen unabhängig voneinander zum Commitment bei. Zur Illustration enthält Abbildung 3 die standardisierten Vorhersagegewichte (Betas) einer Regression von Commitment auf die drei Faktoren. Im Beispiel wurde Commitment in Partnerschaften untersucht (Daten aus Bloßfeld, 2002), für das organisationale Commitment gilt aber eine entsprechende Struktur.

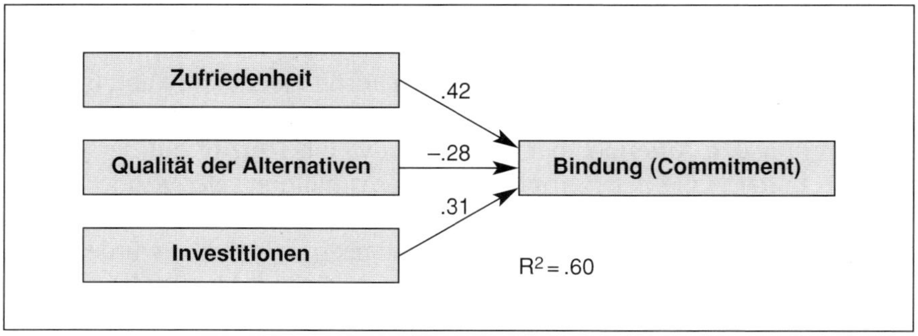

Abbildung 3:
Bindung (Commitment) als Funktion von Zufriedenheit, Qualität der Alternativen und Investitionen. Standardisierte Regressionskoeffizienten (Betas) einer multiplen Regression. $N = 303$; alle Koeffizienten $p < .001$; Daten aus Bloßfeld, 2002, S. 105.

Das Modell sieht vor, dass zufriedene Mitarbeiter ein höheres Commitment erleben. Offensichtlich ist aber die Zufriedenheit nicht der einzige Faktor. Aus dem Modell ergibt sich zudem, unter welchen Bedingungen auch zufriedene Mitarbeiter das Unternehmen verlassen, nämlich wenn die Alternativen sehr attraktiv sind. Hierunter fallen nicht nur attraktive Angebote von anderen Firmen. Auch private Gründe, die zum Beispiel einen Wohnortwechsel erforderlich machen, können natürlich schwerer wiegen als die Zufriedenheit mit dem Unternehmen.

Das Modell sieht ebenfalls vor, dass Investitionen das Commitment erhöhen. Solche Investitionen können zum Beispiel in Maßnahmen während der Einarbeitung bestehen. Für das Commitment des Mitarbeiters sind aber dessen eigene Investitionen psychologisch noch wirksamer. Menschen tendieren generell dazu, sich bei Dingen zu engagieren, in die sie bereits einiges investiert haben. Investitionen können natürlich in Opfern bei der Annahme der Stelle bestehen (z. B. Aufgabe des bisherigen Wohnorts, Preisgabe von alternativen Stellenoptionen). Als Investitionen können aber auch öffentliche Bekenntnisse, also das öffentliche Eintreten in die Organisation oder auch das Überwinden anspruchsvoller Personalauswahlverfahren verstanden werden (siehe auch Moser & Schmook, 2001).

Man erklärt den Zusammenhang zwischen Investitionen und Commitment gerne dissonanztheoretisch: Da die bisherigen Investitionen verloren gehen, wenn man die Bindung aufgibt, wird ein Ausstieg mit steigenden Investitionen auch zunehmend dissonant erlebt.

Dieses Phänomen hat eine irrationale Komponente, denn Menschen fokussieren hierbei offenbar auf vergangene Investitionen und verlieren dabei die in der Zukunft erwartbaren Erträge aus dem Auge. So kann man zeigen, dass Menschen an einem früheren Engagement festhalten, auch wenn die zukünftige Entwicklung mit hoher Wahrscheinlichkeit verlustreich sein wird, nur weil sie in der Vergangenheit bereits viel investiert haben. Dieses Phänomen, das als Eskalation des Commitment bezeichnet wird (z. B. Staw, 1976), zeigt, dass Investitionen offenbar unabhängig von der Zufriedenheit auf das Gefühl der Bindung wirken.

Man muss sich die Prozesse, die zum Commitment führen, ‚subpersonal' und unbewusst vorstellen, wie man es von den Prozessen der Dissonanzreduktion kennt. Stellen wir uns etwa vor, ein Mitarbeiter hat ein alternatives Stellenangebot ausgeschlagen. In einer solchen Situation sind Gedanken an die Vorzüge der nicht gewählten Alternative und an die Nachteile der aktuellen Situation hoch unangenehmen und werden üblicherweise vermieden. Man fühlt sich an eine Handlungsfolge gebunden. Die Ablehnung des Angebots führt durch Rechtfertigungsmechanismen zur Steigerung des Commitments. Die Person bekräftigt dabei das eigene Handeln für sich selbst als richtig und sagt sich, dass sie die gleiche Entscheidung nochmals treffen würde.

3 Analyse und Maßnahmeempfehlungen

Vom potenziellen Bewerber zum Mitarbeiter

Die folgenden Abschnitte vertiefen unterschiedliche Aspekte aus den vorgestellten Modellen. Als eine einfache Richtschnur soll ein Prozessmodell des Personalmarketings aus Moser und Zempel (2001, siehe Abbildung 4) dienen. Das Modell unterscheidet fünf Phasen: In der ersten Phase geht es darum, aus bloß potenziellen Bewerbern tatsächliche zu machen.

Hierzu muss zunächst die Ausgangssituation bzw. die Zielgruppe analysiert werden: Was erwarten Bewerber von einer Organisation und welche Faktoren beeinflussen ihre Entscheidung für eine Bewerbung? Insbesondere für junge Nachwuchskräfte stellt sich zudem die Frage, wie diese überhaupt zu einer Berufsentscheidung, zur Entscheidung für eine bestimmte Tätigkeit oder Branche kommen. Daher interessiert hier zum einen, wie potenzielle Bewerber motiviert sind, welche Werthaltungen und Eigenschaften sie voraussichtlich haben und welche Rolle diese Merkmale für das Personalmarketing haben. Zum anderen ist wichtig, wie Unternehmen bei Bewerbern repräsentiert sind und welche Rolle diese Repräsentationen bei der Entscheidung für eine Arbeitsstelle spielen. Diese Punkte werden im Folgenden in den Kapiteln 3.1 bzw. 3.2 diskutiert.

In Kapitel 3.3 werden dann verschiedene Wege vorgestellt, Menschen zu einer Bewerbung zu motivieren. Neben den Beschaffungswegen wird es um die wichtigsten Informationsquellen gehen, die das Personalmarketing gestalten kann: Anzeigen, Internet- und Messeauftritte.

Kommt es dann zu einer Bewerbung, ist in der nächsten Phase das Unternehmen gefragt, indem hier entschieden wird, ob der Bewerber sich im Unternehmen vorstellen soll. Spätestens hier setzen dann auch gezielte Selektionsstrategien ein, die zum Teil ein Thema der Personalauswahl, zum Teil aber auch des Personalmarketings sind (siehe hierzu auch Kapitel 4.3).

Der Umgang mit Bewerbern wird dann in Kapitel 3.4 eigens thematisiert. Der Kontakt zu Bewerbern prägt immer die Außenwirkung der Organisation, und dies betrifft nicht nur die Personen, die eingeladen werden. Allerdings kommt dem Vorstellungstermin selbst eine besondere Bedeutung zu. Hier präsentiert sich das Unternehmen „in Person". Spätestens hier gewinnen auch Bewerber, die bislang noch keinen persönlichen Kontakt zu Betriebsangehörigen hatten, ein konkretes Bild vom Unternehmen und dem Leben darin. Bewerber, die ein Stellenangebot erhalten, können dies annehmen oder ablehnen. So tritt hier erneut das Thema der Entscheidungsfindung in den Mittelpunkt: Auch hier muss das Personalmarketing sich für die Frage interessieren, wie Entscheidungen zustande kommen, wie Faktoren dabei gewichtet werden und welche Bedürfnisse und Werte für die Entscheidung berücksichtigt werden.

Der Eintritt in die Organisation ist ein besonders kritischer Punkt. In der hier bedeutsamen Übergangsphase wird der Grundstein gelegt für eine spätere Bindung des Mitarbeiters an sein Unternehmen. Diese Bindungsgefühle sind ein wesentlicher Faktor dafür, ob der Mitarbeiter im Unternehmen bleibt oder nicht. Die Marketingaktivitäten enden also nicht mit der Einstellung. Sowohl der Eintritt in das Unternehmen (3.5.1) als auch die Phase der eigentlichen Berufstätigkeit im Unternehmen (siehe Kapitel 3.5.2) gehören daher zu den Kernaufgaben des Personalmarketings.

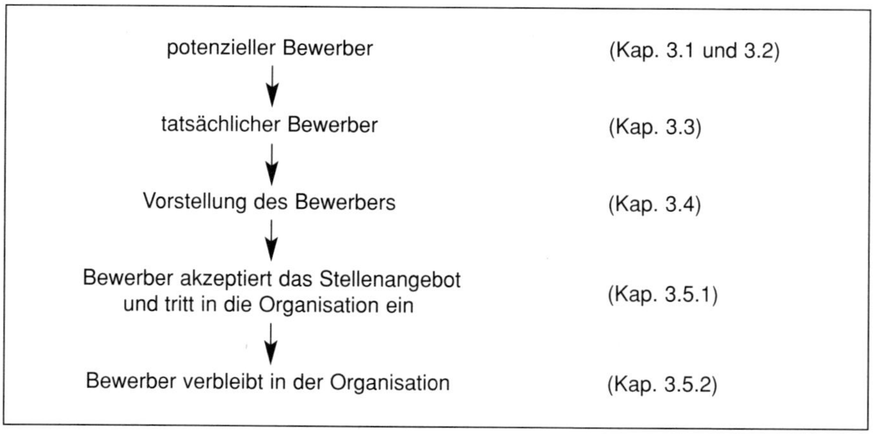

Abbildung 4:
Personalmarketing als Prozess (aus Moser & Zempel, 2001, Abbildung 1) mit zugeordneten Kapitelabschnitten.

3.1 Die Bewerber aus Sicht der Unternehmen

Eine wesentliche Aufgabe des Marketings besteht darin, Wünsche und Bedürfnisse in einem bestimmten Zielmarkt zu befriedigen (Kotler & Bliemel, 2001). Das Personalmarketing erreicht seine Ziele daher auch nur, wenn es die Bedürfnislagen auf dem Zielmarkt der potenziellen Arbeitnehmer kennt. Tatsächlich sind die Bewerberbedürfnisse bei möglichen Arbeitgebern oft nur verzerrt repräsentiert. Generell wird zum Beispiel die Bedeutung von Karrierechancen überschätzt, dagegen unterschätzen potenzielle Arbeitgeber die Wichtigkeit eines guten Betriebsklimas oder der „Harmonie von Arbeit und Privatleben" (zusammenfassend siehe Moser & Zempel, 2001).

Unternehmen kennen die Bedürfnisse potenzieller Bewerber oft nur schlecht

Die Personalforschung (siehe Kapitel 2.1.1) betrachtet daher intensiv Studien zu Wünschen und Bedürfnissen von Schülern, Studierenden bzw. Arbeitssuchenden, um künftige Maßnahmen an diesen Bedürfnissen auszurichten. Allerdings warnen etwa Pett und Kriegler (2007), sich beim Aufbau einer Arbeitgebermarke (Kapitel 2.2.1) allzu stark am Zeitgeist zu orientieren. Die Marke müsse beständig sein, die Bewerberbedürfnisse dagegen wechselten innerhalb weniger Jahre.

Bewerberbedürfnisse, wie sie sich in Trendstudien abzeichnen, geben also oft nur Fingerzeige. Sofern sie Ausdruck einer aktuellen Mode sind, ist es sicherlich nicht angezeigt, langfristige Personalmarketing-Aktionen an ihnen auszurichten.

Allerdings finden sich in den Befunden zu Trends und Bedürfnissen auch Hinweise auf längerfristige Entwicklungen oder zeitstabile Bewerbermerkmale, die auch in psychologischen Persönlichkeits- oder Motivationstheorien beschrieben werden. Im Folgenden beschäftigen wir uns mit verschiedenen Aspekten der Zielgruppe.

3.1.1 Werte, Motive und Persönlichkeit

Abkehr von materiellen Zielen

Spätestens nach der Energie- und Ölkrise der 70er-Jahre ist deutlich geworden, dass Menschen nicht von ökonomischen Faktoren allein, sondern zu großem Teil von persönlichen Werten geleitet werden. Das Umweltbewusstsein, das sich damals verstärkte, ist nur ein Beispiel dafür, dass sich die Werte in der Gesellschaft verschieben und dass diese Verschiebung auch Auswirkungen auf den Arbeitsmarkt haben kann. Generell entfernten sich gerade die Werte junger Menschen von der Zustimmung zu materiellen und Karriere-Zielen. Dies zeichnet sich schon in Befunden aus den 80er-Jahre ab, denen zufolge Arbeitsplatzsicherheit und soziale Orientierung bei Schülern weit vor dem Einkommen rangieren (Saterdag & Stegmann, 1980; zit. n. Moser & Zempel, 2001).

Leistung und Lebensgenuss werden als vereinbar erlebt

Diese Entwicklung hat sich in den darauf folgenden Jahren fortgesetzt. Wichtig ist allerdings dabei, dass berufliche Leistung durchaus zu den nicht materialistischen Werten zählen kann. So wird etwa ein Ergebnis der Untersuchungen von Opaschowski (2008) mit den Worten resümiert: „Für die junge Generation haben Leistung und Lebensgenuss ihren Alternativ- oder gar Konfrontationscharakter verloren“ (Stiftung für Zukunftsfragen, 2008, S. 2). Leistungsziele werden also durchaus bejaht und dies auch im Vergleich über den Zeitraum von 1992 bis 2008 mit kontinuierlich steigender Tendenz. Gleichzeitig wird aber auch das Private, insbesondere die Familie als Lebensziel stärker betont. Seit 1999 ist die Zustimmung zu Ehe, Kindern und Familie als Lebensziel von 52 auf 67 % kontinuierlich gestiegen (siehe Abbildung 5).

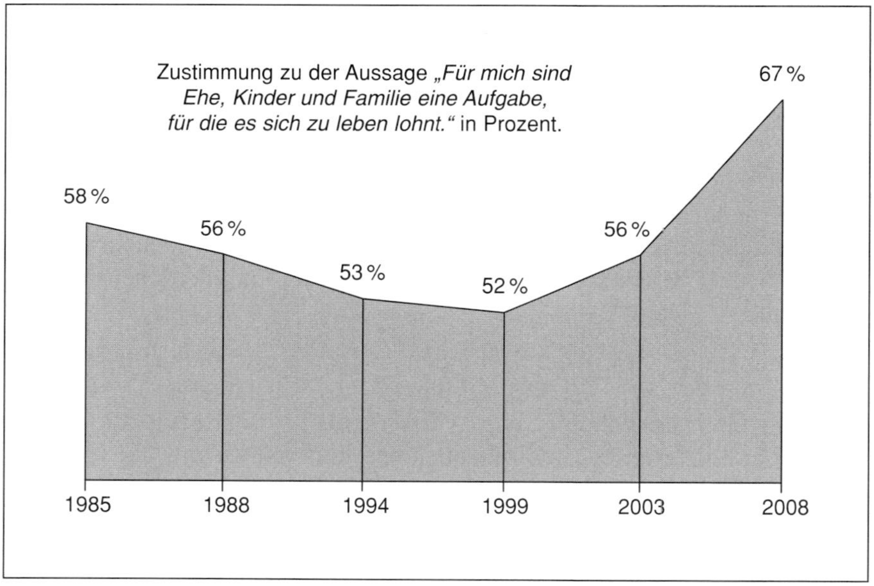

Abbildung 5:
Repräsentativbefragungen unter jeweils 2.000 Personen zwischen 14 und 34 Jahren zwischen 1985 und 2008 (Quelle: Stiftung für Zukunftsfragen, 2008).

Die gleichzeitige Zielorientierung auf berufliche Leistung und Familie geht vermutlich auf die bereits zitierte Bildungsoffensive in der weiblichen Bevölkerung zurück (Opaschowski, 2008). Von 2000 bis 2008 ist der Anteil an weiblichen Studierenden von 50 auf 55 % gestiegen (OECD, 2008; hier liegt Deutschland sogar leicht über dem OECD Durchschnitt). Die zukünftige Arbeitswelt wird stark von Frauen geprägt, und da unter der Mehrheit der Nachwuchskräfte Kinderwunsch besteht, wird auch die Vereinbarkeit von Beruf und Familie ein zentrales Thema, mit dem sich Arbeitgeber profilieren müssen.

Die zukünftige Arbeitswelt wird stark von Frauen geprägt. Arbeitgeber müssen sich mit Konzepten zur Vereinbarkeit von Beruf und Familie profilieren

Diese Entwicklungen gelten generell für den Nachwuchs auf allen Qualifikationsstufen. Man darf erwarten, dass sie in gleicher Weise auch speziell für den Führungsnachwuchs gelten. In der Gruppe der sogenannten „High Potentials" unterscheiden z. B. von Rosenstiel und Nerdinger (2000) drei verschiedene Grund-Orientierungen: Eine Karriere-, eine Freizeit- und eine alternative Orientierung. Die letztere Orientierung besteht in einem besonderen Bedürfnis nach einer sinnvollen, über Gewinn oder Vergnügen hinausgehenden Beschäftigung. Sie ist von besonderer Skepsis gegenüber materialistischen Werten geprägt, gleichzeitig ist sie aber gerade in der Gruppe der potenziellen Nachwuchskräfte häufiger anzutreffen als in anderen Bevölkerungsgruppen.

Das Bedürfnis nach einer sinnvollen Lebensführung über kurzfristigen Genuss hinaus ist eine der zentralen Beobachtungen aus dem Zukunftsreport von Opaschowski (2008). Dieses Bedürfnis ist, wie es scheint, sogar besonders typisch für den Führungsnachwuchs. Andererseits zeigt sich aber auch, dass Studierende, die zu Zeiten des Studiums und Examens noch ein starkes alternatives Engagement zeigten, länger brauchten, um eine Stelle zu finden als Studierende, die karriere- oder freizeitorientiert waren. Generell sind anscheinend tatsächliche Führungskräfte mehrheitlich karriereorientiert, während beim Führungs*nachwuchs* ein alternatives Engagement dominiert. Dieser Effekt geht zum Großteil darauf zurück, dass auch Personen mit Freizeit- und alternativer Orientierung nach einer Anstellung mit der Zeit stärkere Karriereinteressen entwickeln (von Rosenstiel & Nerdinger, 2000, S. 149).

Bemerkenswert ist das Selbstbild der hoch qualifizierten Arbeitskräfte: Niemand will als „typischer Manager" gelten, weder im Vorfeld einer Anstellung, noch später als Mitarbeiter und Führungskraft

Übrigens ist eine „reine" Karriereorientierung tatsächlich nicht anzutreffen: In näheren Befragungen distanzieren sich auch karriereorientierte Führungskräfte vom Klischee des Karrieristen oder des „typischen Managers". Auch wer sich von alternativen oder Freizeit-Orientierung hin in Richtung Karriere bewegt, betont hierbei Aspekte der neuen Orientierung, die mit der alten verträglich sind. So argumentieren junge Führungskräfte häufig, dass Karriere die Voraussetzung für die Möglichkeit ist, die Verhältnisse zu beeinflussen.

Personen mit einer Freizeitorientierung sind in der Regel an sicheren Stellen interessiert und nehmen dafür in Kauf, nur geringe Aufstiegs-Chancen zu haben. Diese Haltung hat in der Vergangenheit zu einer für die Unternehmen komfortablen Lösung geführt, bei der wichtige, aber karrieremäßig eher unattraktive Stellen mit vergleichsweise hoch qualifiziertem Personal besetzt werden konnten. Versteht man unter Freizeitorientierung auch die Bereitschaft, die eigenen Ressourcen in Familie und Nachwuchs zu investieren, dann bilden freizeitorientierte Mitarbeiter insbesondere in hoch qualifizierten Berufen ein besonders wichtiges Reservoir sowohl für die Unternehmen als auch für die Gesellschaft.

Wünsche der „High Potentials"

Kirchgeorg und Lorbeer (2002) befragten junge Akademiker, die nach einer Reihe von Kriterien (z. B. hervorragende akademische Leistungen, Auslandserfahrung, außeruniversitäres Engagement) zu den Top-Talenten oder „High-Potentials" zu zählen sind. Eine Reihe von Wünschen an einen Arbeitgeber hatten diese Nachwuchskräfte in großer Übereinstimmung, so etwa genügenden Freiraum für die persönliche Entfaltung und selbstständig kreatives Arbeiten, Aufstiegs-, Entwicklungs- und Weiterbildungsmöglichkeiten, flexible und abwechslungsreiche Aufgabengestaltung.

Darüber hinaus unterschieden sich die Befragten aber auch, so dass auf Basis einer Clusteranalyse vier Gruppen identifiziert werden konnten.

Vier Typen von High Potentials

Die erste und mit einem Anteil von 29 % größte Gruppe bezeichnen die Autoren als „die Ausgeglichenen". Neben den genannten Faktoren ist dieser Gruppe die Balance zwischen Berufs- und Privatleben besonders wichtig. Auch geregelte Arbeitszeiten erhalten ein überdurchschnittliches Gewicht. Außerdem wünschen sie, dass im Unternehmen ethisches Verhalten über Gewinnorientierung gestellt wird. Vergleichsweise wenig bedeutsam sind hier etwa die Größe des Unternehmens oder ein hohes Gehalt.

Einen gewissen Gegenpol bildet die Gruppe der „Eigennützigen" (24 %). Hier finden die Autoren eine starke Karriereorientierung, die bewusst auch Abstriche im sozialen Bereich und der eigenen Freizeit in Kauf nimmt. Die für die Ausgeglichenen wenig wichtigen Gesichtspunkte wie „hohes Gehalt", „Größe des Unternehmens und Bekanntheitsgrad" oder „guter Ruf des Arbeitgebers" spielen in der Gruppe eine größere Rolle. Ebenfalls bedeutsam sind „schnelle Verantwortungsübernahme" und die „Möglichkeit, im Ausland zu arbeiten."

Als „genügsam" gelten Befragte, denen von den vorgelegten Merkmalen zumindest im Vergleich zu den anderen kaum eines besonders wichtig ist, außer den oben genannten Merkmalen, die allen gemeinsam ist und der „Balance zwischen Familie und Privatleben". Dieses Einschätzungsmuster legten 19 % der Befragten vor.

Die sogenannten „Anspruchsvollen" (28 %) verhalten sich, wie der Name schon sagt, komplementär zu den Genügsamen. Sie haben die generell höchsten Anforderungen an den idealen Arbeitgeber und finden fast alles wichtig, was diesen betrifft. Am ehesten machen sie Abstriche bei den geregelten Arbeitszeiten und sind damit tendenziell eher karriere- als familien- oder freizeitorientiert. Die Anspruchsvollen stellen insofern eine besondere Herausforderung an das Personalmarketing dar, als sie ausgesprochen komplexe Wünsche an den Arbeitgeber haben – sie wollen praktisch alles, was „gut und teuer" ist.

Im Hinblick auf die unterschiedlichen Disziplinen besteht die Gruppe der Eigennützigen und Anspruchsvollen überproportional aus Wirtschaftswissenschaftlern, während Naturwissenschaftler eher den Genügsamen zuzuordnen sind. Bei den Juristen dominieren die Ausgeglichenen. Ingenieurwissenschaftler zählen ebenfalls zu dieser Gruppe, aber auch zu den Anspruchsvollen.

Die Geschlechter verteilen sich ebenfalls ungleich auf die Typen: Männer sind überproportional unter den Eigennützigen und Genügsamen, Frauen dagegen unter den Anspruchsvollen und den Ausgeglichenen.

Insgesamt heben Kirchgeorg und Lorbeer (2002) hervor, dass offenbar auch im Bereich der üblicherweise stark karriereorientierten Nachwuchskräfte „ein Einstellungswandel zu erkennen [ist], der von der ... einseitigen Orientierung auf die eigene, berufliche Karriere hin zu mehr beruflicher und privater Lebensqualität geht (work-life-balance)“ (S. 10).

3.1.2 Demografische und kulturelle Unterschiede in Bewerberbedürfnissen

Deutsche Unternehmen müssen bisher vernachlässigte Zielgruppen verstärkt ansprechen

In der Zukunft werden sich Unternehmen verstärkt auf Zielgruppen konzentrieren, die in der Vergangenheit eher vernachlässigt wurden: Deutsche Unternehmen können sich auf dem Markt nur behaupten, wenn sie verstärkt Frauen und ausländische Mitarbeiter rekrutieren (siehe Kapitel 1.4). Diese Zielgruppen bewerten ihre potenziellen Arbeitgeber zum Teil deutlich anders als die „traditionellen“ Mitarbeiter. So achten etwa Frauen mehr als Männer auf die Möglichkeit, Arbeit und Familie zu vereinbaren; auf die Höhe des Einstiegsgehalts achten sie jedoch weniger als Männer. Für die gesamte bisher vernachlässigte Zielgruppe (Frauen, ausländische Arbeitnehmer) gilt, dass sie auf die Vielfalt in der personellen Besetzung des Unternehmens achten. Sie bewerten Unternehmen positiver, wenn darin gleichberechtigt beide Geschlechter wie auch unterschiedliche Nationalitäten vertreten sind (zusammenfassend Avery & McKay, 2006).

Folgerichtig betont etwa in den USA eine überwältigende Mehrheit von 78 % der Unternehmen in ihren Personalanzeigen eine heterogene personelle Zusammensetzung, sofern sie dies für sich reklamieren können (für ein Beispiel aus Deutschland siehe Abbildung 6). Ebenso heben Unternehmen gute Entwicklungsmöglichkeiten für weibliche Mitarbeiter oder Mitarbeiter aus einer (rassischen) Minderheitengruppe hervor – zumindest in den USA ist dies eine auffällige Entwicklung, die nach Lage der Daten auch den gewünschten Erfolg erzielt (Avery & McKay, 2006).

Eigenheiten der jeweiligen Gruppen sollen nicht übersehen, sondern wahrgenommen und geschätzt werden

Entscheidend für den Erfolg ist aber nicht die häufig beschworene „Farbenblindheit“. Die Image-Bemühungen sollten vielmehr implizieren, dass das Unternehmen gegenüber Personunterschieden sensibel ist. Das Unternehmen sollte zeigen, dass es Unterschiede zwischen männlichen und weiblichen Mitarbeitern oder zwischen Personen mit unterschiedlichem kulturellem Hintergrund wahrnimmt, respektiert und schätzt. Positiv bewertet

Abbildung 6:
„Quellcode statt Dresscode." aus Deutsche Telekom (2009) Arbeitgeberimagekampagne, Motto: We Change. Your Chance.

wird eine Unternehmenshaltung, die es als einen besonderen Vorteil ansieht, wenn die Mitarbeiter unterschiedliche Bedürfnisse und Sichtweisen einbringen (Avery & McKay, 2006; siehe auch Kapitel 4.2.1).

Dieser Punkt wird verständlich, wenn man bedenkt, dass kulturelle Unterschiede in Einstellungen und Werthaltungen auch in multikulturellen Gesellschaften erhalten bleiben, ja dass sie dort womöglich noch verstärkt werden: Fragt man Mitarbeiter unterschiedlicher Nationen, welches Vorgesetzten-Verhalten sie bevorzugen, so erhält man mitunter deutlich unterschiedliche Präferenzen. Fragt man nun aber Mitarbeiter in internationalen Arbeitsgruppen, also Personen, die bereits in einer multikulturellen Umgebung arbeiten, verringern sich diese Unterschiede nicht etwa, sondern sie fallen sogar noch pointierter aus (vgl. Usunier & Walliser 1993, S. 53 ff.). Multinational zusammengesetzt Gruppen akzentuieren ihre Kulturunterschiede oft eher, als dass sie sie einebnen.

Unterschiede zwischen männlichen und weiblichen Nachwuchskräften

Wesentlich bedeutsamer noch als die Berücksichtigung von Kulturunterschieden wird die verstärkte Einbindung von Frauen in den Arbeitsmarkt für hochqualifizierte Kräfte sein. Hier bestehen zum Teil noch Unterschiede zu männlichen Nachwuchskräften. So sehen Frauen häufiger als Männer im Familienleben noch genügend Freiraum für eigene Interessen, und Frauen artikulieren auch ein geringeres Interesse an persönlicher Freiheit als Männer (Opaschowski, 2008).

Abele (2005) untersuchte Hochschulabsolventinnen und -absolventen der Universität Erlangen. Aus ihrer Stichprobe liegen für rund 1.250 Personen Längsschnitt-Daten über einen Zeitraum von etwa acht Jahren vor. Hier zeigte sich, dass kurz (18 Monate) nach dem Examen die Werthaltungen und das Selbstkonzept der jungen Akademikerinnen und Akademiker signifikant voneinander verschieden waren (siehe Abbildung 7). Bei den Männern dominierte die Werthaltungen noch eine Karriereorientierung, während Frauen der Freizeit und – etwas weniger ausgeprägt – dem Privatleben ein höheres Gewicht gaben. Frauen hatten von sich ein deutlich dem Geschlechts-Stereotyp entsprechendes expressives Selbstkonzept (geprägt durch Eigenschaften wie *einfühlsam, beziehungsorientiert* u. Ä.). Männer folgten dem männlichen Stereotyp nicht in gleicher Weise, hatten aber relativ zu Frauen ein stärker ausgeprägtes instrumentelles Selbstkonzept (mit Merkmalen wie *aktiv* oder *durchsetzungsorientiert*).

Etwa drei Viertel (73,5 %) der Befragten wünschte sich zum Zeitpunkt der ersten Befragung Kinder, nur 7,5 % erklärten ausdrücklich, keine Kinder zu wollen. Der hier ausgedrückte Kinderwunsch war erwartungsgemäß einer der besten Prädiktoren für die spätere Elternschaft. Dies galt unabhängig vom Geschlecht der Befragten. Auffallend war, dass die weiblichen Befragten ein Berufsmodell bevorzugten, nach dem ihr Partner Vollzeit und sie selbst Teilzeit berufstätig sein sollte. Die männlichen Probanden neigten demgegenüber eher einem Modell zu, bei dem sie selbst Alleinversorger der Familie wären.

Besonders bemerkenswert an den Befunden von Abele (2005) sind folgende zwei Punkte: Erstens zeigen sie die Bedeutung persönlicher Ziele für die

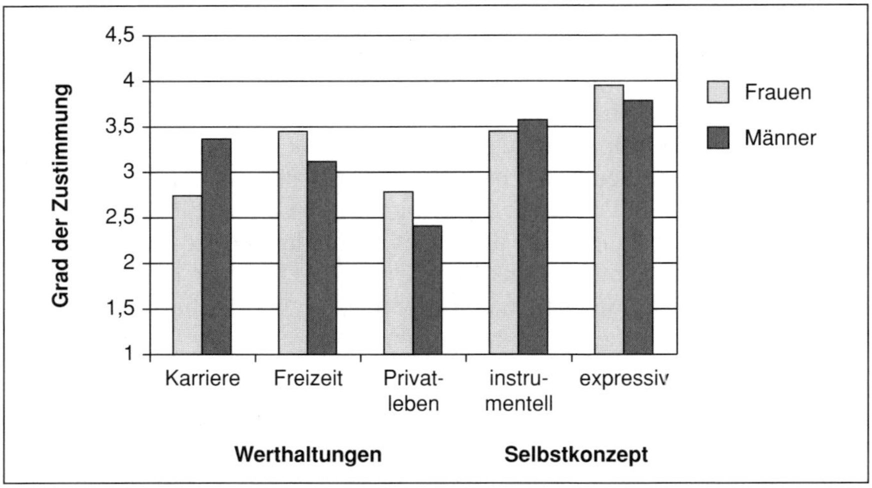

Abbildung 7:
Zustimmung zu Werthaltungen bzw. Selbstkonzept bei Hochschulabsolventen.
Alle Geschlechtsunterschiede sind signifikant ($p < .01$). Daten aus Abele, 2005, Tabelle 1.

Lebensplanung junger Hochschulabsolventen. Zum Beispiel ist der Kinderwunsch unabhängig vom Geschlecht ein sehr guter Prädiktor dafür, ob junge Akademiker innerhalb der ersten sechs Jahre nach dem Examen tatsächlich Kinder haben werden. Die Vorhersage wird weiter präzisiert durch das Merkmal der Expressivität: Personen mit hoher Ausprägung wurden ebenfalls mit erhöhter Wahrscheinlichkeit im Erhebungszeitraum Eltern. Auch die Ziele zur sogenannten „Work-Life-Balance" sind prädiktiv für das spätere Verhalten der jungen Akademiker. So sagen zum Beispiel die Ziele der Männer für die Kinderbetreuung gut vorher, wie diese später geregelt sein wird. Dies gilt aber nicht durchweg für die Ziele der Frauen, und dies betrifft den zweiten wichtigen Punkt in den Daten: Die Ziele der Frauen und auch das geschlechtsrollenbezogene Selbstkonzept der Mütter spielen keine Rolle bei der Frage, wie die Betreuung ihres unter drei Jahre alten Kindes geregelt ist. Hier unterliegen junge Akademikerinnen offenbar sehr viel stärker als ihre männlichen Partner äußeren Zwängen, so dass sie hier ihre Vorstellungen nicht umsetzen können (Abele, 2005).

3.2 Die Unternehmen aus Sicht der Bewerber

Informationsquellen über Arbeitgeber

Arbeitssuchende informieren sich über ihre potenziellen Arbeitgeber in erster Linie über das Internet und in zweiter Linie über die Erfahrungen und Empfehlungen Dritter. Dies zeigt eine Rangfolge der zehn wichtigsten Informationsquellen über Arbeitgeber (Ergebnisse einer Befragung der BBDO Consulting, Gelbert & Inglsperger, 2008; siehe Tabelle 1). Bemerkenswert an dieser Liste ist, dass unter den wichtigsten Informationskanälen gehäuft solche vertreten sind, die das Unternehmen nur eingeschränkt kontrollieren kann. Dies zeigt noch einmal, wie wichtig es ist, durch imagebildende Maßnahmen und „Employer Branding“ sicherzustellen, dass Informationen im Internet, die Präsenz in der Presse oder die Erfahrungen Dritter hinreichend positiv sind und zur Arbeitgebermarke passen.

Tabelle 1:
Die zehn wichtigsten Informationsquellen über einen Arbeitgeber.

Top-10-Informationsquellen über potenzielle Arbeitgeber		Mehrfachnennungen in %
1	Internet (z. B. Suchmaschinen, Online-Archive)	85
2	Homepage/Recruiting-Website des Unternehmens	80
3	Empfehlung von Mitarbeitern, Dozenten, Bekannten, etc.	73
4	Redaktionelle Medienberichtserstattung (z. B. Tages- und Fachzeitungen, Recruitingmedien)	69
5	Direkte Erfahrungen mit Unternehmen im Rahmen von Praktika, Workshops, Seminaren, Events	51
6	Stellenanzeigen (z. B. Tageszeitungen, Online-Jobbörsen)	42
7	Hochschulmarketing (z. B. Firmenkontaktmessen, On Campus Firmenpräsentationen etc.)	31
8	Werbung für Produkte/Dienstleistungen des Unternehmens	28
9	Recruiting-Imageanzeigen	27
10	Jobmessen	25

Anmerkung: Mehrfachnennungen auf Basis Ranking nach „regelmäßiger“ und „gelegentlicher“ Nutzung auf Basis vierskaliger Bewertung (regelmäßig, gelegentlich, selten, nutze ich gar nicht). (Quelle: Zielgruppenbefragung BBDO Consulting, In: Gelbert & Inglsperger, 2008, S. 19, Abbildung 4)

Und worauf achten Arbeitssuchende bei einem Arbeitgeber? Dies ist eine der wichtigsten Fragen des Personalmarketings, denn daran sollten sich Maßnahmen des internen und externen Personalmarketings orientieren.

Watzka (2003) untersuchte die Merkmale, die für Hochschulabsolventen einen Arbeitgeber attraktiv machen. Über verschiedene methodische Zugänge hinweg kristallisierten sich die folgenden Merkmale heraus, die Watzka (2003, S. 9) als die „big six of college recruiting“ bezeichnet:

1. Arbeits- und Betriebsklima,
2. Vergütung,
3. Aufgabe (interessant, abwechslungsreich, anspruchsvoll),
4. Weiterbildungs- und -entwicklungsmöglichkeiten,
5. Aufstiegschancen,
6. Arbeitszeitflexibilität.

Die Attraktivität eines Arbeitgebers hängt zu großen Teilen von Merkmalen ab, die die Bewerber im Vorfeld gar nicht prüfen können

Grobe (2003) unterscheidet bei den Unternehmensmerkmalen zwischen Such-, Erfahrungs- und Vertrauenseigenschaften (siehe Tabelle 2). Diese Merkmale sind in unterschiedlichem Grade prüfbar: Standort oder Einstiegsgehalt sind den Bewerbern meist sofort bekannt, Entwicklungs- und Entfaltungsmöglichkeiten kann man eigentlich erst auf der Basis konkreter Erfahrungen beurteilen und die Zukunftsfähigkeit der Branche oder die Sicherheit des eigenen Arbeitsplatzes kann man nur unterstellen, ohne dafür direkte Evidenz zu haben. Die oben genannten „big six of college recruiting" finden sich hier nur bei den Such- und Erfahrungseigenschaften wieder. Tatsächlich aber zeigt sich in der Analyse von Grobe (2003), dass ein Großteil der Anforderungskriterien, die Bewerber an ihre Arbeitsstelle anlegen, den Erfahrungs- und Vertrauenseigenschaften entstammt. Mindestens so wichtig wie die harten Fakten sind also Merkmale, die man nur unterstellen kann und die durch das Image der Arbeitgebermarke und nicht so sehr durch beobachtbare Sachverhalte kommuniziert werden.

Tabelle 2:
Eigenschaften von Arbeitgebermarken (aus Grobe, 2003, S. 75)

<table>
<tr><th>Sucheigenschaften</th><th>Erfahrungseigenschaften</th><th>Vertrauenseigenschaften</th></tr>
<tr><td>– Einstiegsgehalt
– Hohe Sozialleistungen
– Standort
– Urlaubsanspruch
– Kinderbetreuung</td><td>– Gehaltsprogression
– Aufstieg-/Entwicklung
– Schnelle Verantwortung
– Gute Vorgesetzte
– Persönliche Entfaltung
– Arbeitsklima</td><td rowspan="2">– Dauerhafte Existenz des Unternehmens
– Zukunftsfähigkeit der Branche
– Sicherer Arbeitsplatz
– Altervorsorge (Aktien)
– Ordnungsgemäße Buchführung
– Unternehmensvision</td></tr>
<tr><td colspan="2">– Zusatzleistungen (Firmenwagen, Aktienoptionen)
– Auslandseinsatz
– Reisetätigkeit
– Sabbatical
– Flexible/geregelte Arbeitszeiten
– Weiterbildung
– Börsen-/Markterfolg</td></tr>
<tr><td colspan="3">Ethische Einstellung des Unternehmens</td></tr>
</table>

Die folgende Diskussion beginnt allerdings nicht mit einem Image-Merkmal, sondern eher mit einem der harten Fakten, der Entlohnung (siehe Kapitel 3.2.1). Danach erst wird es um das Unternehmens-Image gehen (siehe Kapitel 3.2.2). Die psychologischen Dynamiken bei der Entscheidung für eine Arbeitsstelle sind Thema in Kapitel 3.2.3.

3.2.1 Die Rolle der Entlohnung bei der Entscheidung für eine Arbeitsstelle

Die Bedeutung der Entlohnung für die Attraktivität einer Arbeitsstelle wird leicht unterschätzt. Entlohnung ist ein effektives Mittel der Leistungssteigerung. Mit Hilfe der Entlohnung können auch unattraktive Arbeitsplatzmerkmale wie eine unattraktive Branche oder geringe Arbeitsplatzsicherheit kompensiert werden (zusammenfassend Schuler & Moser, 1993; für differenzierende Befunde siehe Kapitel 3.5.3).

Widersprüchliche Befunde

Gleichzeitig finden sich widersprüchliche Befunde bei der Wichtigkeit, die potenzielle Bewerber der Entlohnung beimessen.

Zum Beispiel variiert die Bedeutung der Entlohnung mit der Methode, mit der die Attraktivitätsmerkmale erhoben werden. So wird die angemessene Bezahlung von 95 % der Befragten spontan genannt, was sie mit Abstand zum wichtigsten Attraktivitätsmerkmal bei der Spontan-Nennung macht (Watzka, 2003). Bei der Bewertung mehrer Vorlagen anhand von Rating-Skalen kommt die Bezahlung dagegen nur auf Rang sechs. Watzka (2003, S. 10) geht davon aus, dass sich die Probanden bei der Bewertung der Vorgaben mehr von der sozialen Erwünschtheit haben leiten lassen als bei der spontanen Nennung. Die Spontan-Nennung sei ehrlicher und in diesem Sinne also auch valider.

Spontane Bewertungen sind nicht notwendig valider als reflektierte

Aus psychologischer Sicht sollte eine solche Diskrepanz der Bewertungen allerdings differenzierter interpretiert werden. Es ist zwar in der Tat bedeutsam, was Personen spontan und ohne Vorbereitung assoziieren; allerdings kann dies aus unterschiedlichen Gründen bedeutsam sein. Subjektive Wichtigkeit ist nur einer dieser Gründe. Weder zeigt eine frühe Spontan-Nennung zweifelsfrei eine hohe Wichtigkeit an, noch kann man aus der späten Nennung oder dem kompletten Fehlen eines Merkmals bei der Spontan-Produktion auf dessen Unwichtigkeit schließen. In einer Befragung von Schuman und Scott (1987) nannten Personen auf die Frage nach den wichtigsten Ereignissen der letzten 50 Jahre die Erfindung des Computers nur dann mit beträchtlicher Häufigkeit, wenn dieses Ereignis explizit als Antwortkategorie vorgegeben war (siehe auch Strack, 1994, S. 27).

Offenbar werden kommt es vor, dass subjektiv hoch wichtige Merkmale nicht spontan verfügbar sind, so dass Personen deren Wichtigkeit erst erleben, wenn sie darauf aufmerksam gemacht werden. So ist es im vorliegenden Fall möglich, dass nicht die subjektive Wichtigkeit, sondern eher die Passung zu einem bestimmten Schema-Bild die Probanden in so hoher Zahl veranlasst hat, die Entlohnung als erstes Merkmal eines attraktiven Arbeitsgebers zu nennen. Ein anderer Grund könnte sein, dass es sich hier um ein chronisch voraktiviertes Merkmal handelt, zum Beispiel wenn im Studium der befragten Jung-Akademiker Entlohnungssysteme eine große Rolle spielen.

Ein weiterer Gesichtpunkt der die Entlohnung mehr oder weniger in den Fokus der Aufmerksamkeit rückt, ist ihre Variabilität: Es ist nicht verwunderlich, dass die Verdienstmöglichkeiten vor allem dann beachtet werden, wenn sich die möglichen Angebote auf diesem Merkmal stark unterscheiden (Schuler & Moser, 1993). Allerdings steht hinter diesem Mechanismus auch gleichzeitig die Gefahr eines Urteilsfehlers, der in der Psychologie unter der Bezeichnung „Isolation-Effect" bekannt ist (z. B. Kahneman & Tversky, 1979): Menschen fokussieren bei Entscheidungen häufig auf jene Merkmale, in denen sich die Optionen besonders stark unterscheiden. Sie tun dies auch dann, wenn andere, weniger variable Merkmale für die Güte der Wahl (z. B. die spätere Zufriedenheit) viel wichtiger sind. Dieser Punkt gilt natürlich nicht nur für die Entlohnung, sondern im Grunde für alle Merkmalsdimensionen, auf denen sich Arbeitsplätze unterscheiden können. Tatsächlich lassen sich auf Basis dieses Effekts Entscheidungsanomalien erzeugen, indem nebensächliche stark variierende Merkmale in den Vordergrund gestellt werden und die Aufmerksamkeit von wichtigeren, aber weniger stark variierenden Eigenschaften ablenken.

Entlohnung ist in unterschiedlichen Phasen der Entscheidung unterschiedlich wichtig

Im Fall der Berufswahl ist zu bedenken, dass die Entscheidung für eine Arbeitsstelle ein Prozess ist, der sich über eine längere Zeit erstreckt und dabei dynamisch abläuft. Die Bedeutung der Kriterien kann sich ändern, und dabei ist in gewisser Hinsicht trivial, dass für die frühe Phase der Entscheidung eher Merkmale bedeutsam sind, die die Bewerber spontan generieren, während in späteren Phasen Merkmale relativ wichtiger werden, die die Personen vorfinden.

Nach dieser Überlegung wird die Entlohnung in späteren Phasen des Entscheidungsprozesses von Merkmalen verdrängt, die die Bewerber erst wichtig finden, nachdem sie darauf aufmerksam wurden. Hierzu passen auch die Befunde von Boswell, Roehling, LePine und Moynihan (2003), die zeigen, dass bei Bewerbern die Vergütung zwar in der Anfangsphase der Entscheidung bedeutsam ist, später aber kaum noch einen Effekt hat. Auch in der Untersuchung von Kirchgeorg und Lorbeer (2002) hatte der Wunsch nach hoher Entlohnung für junge „High Potentials" eine vergleichsweise geringe Bedeutung. Aus dieser Perspektive sind offenbar beide Arten der Bewertung, das spontane Generieren wie auch die Einschätzung nach Vorlage, auf ihre eigene Weise valide.

Fallbeispiele

In einer Studie (VDI Nachrichten, 2002) wurden mehr als 300 Ingenieurstudenten nach ihren Erwartung an ihre künftige Arbeit und die Unternehmen befragt. Auch hier standen der *Spaß an der Arbeit*, ein *positives Betriebsklima* und eine *anspruchsvolle Aufgabe* an vorderster Stelle. Erst danach folgte eine *attraktive Vergütung*. Ebenfalls wichtig waren die *Möglichkeit zur Eigeninitiative* und *zur Übernahme von Verantwortung*. Deutlich weniger wichtig erschienen in der Umfrage *Karrierechancen*, *Sozial- und Zusatzleistungen* oder gar die *Beteiligung am Unternehmenserfolg (z. B. in Form von Aktien)*. Zu einem ähnlichen Ergebnis kommt die Analyse der Graduate School of Management für die Bewertung von Unternehmen aus der Sicht von „High Potentials" (Grobe, 2003): Ehrlichkeit, Authentizität und Glaubwürdigkeit des potenziellen Arbeitsgebers sind demnach wichtiger als Analystenbewertungen, Orientierung am Shareholder Value, Börsenerfolg oder gar Entlohnung in Aktienoptionen.

Tabelle 3 zeigt über- und unterdurchschnittlich wichtige Entscheidungskriterien für potenzielle Arbeitgeber aus der Sicht von Absolventen der

Tabelle 3:
Entscheidungskriterien bei einem potenziellen Arbeitgeber: Bewertung von 18 ausgewählten Faktoren unter Absolventen der Wirtschaftswissenschaften (aus Gelbert & Inglsperger, 2008, S. 17).

	Unternehmensbezogene Faktoren	**Jobbezogene Faktoren**
Überdurchschnittlich relevant[1]	– Arbeitsklima/Führungsstil – Markterfolg/Zukunftsfähigkeit des Unternehmens – Attraktive Branche (Produkte und Dienstleistungen) – Unternehmensstruktur – Internationaler Arbeitsplatz – Bekanntheit und Ruf des Unternehmens	– Attraktive Arbeitsaufgaben – Gute Aufstiegs- und Entwicklungsmöglichkeiten – Gute Weiterbildungsmöglichkeiten – Work-Life-Balance – (inklusive Angebote zur Vereinbarkeit von Beruf, Karriere und Familie) – Branchenübliches Gehalt
Unterdurchschnittlich relevant[1]	– Attraktive Standorte – Hohe Innovationskraft – Gesellschaftliche Verantwortungsübernahme – Persönlichkeit des CEO	– Zusatzleistungen (wie z. B. Firmenwagen, Laptop, Urlaubstage, hohe Sozialleistungen etc.) – Sicherer Arbeitsplatz – Überdurchschnittliches Gehalt

Anmerkung: [1] Bewertung Relevanz 18 ausgewählter unternehmens- und jobbezogener Faktoren auf Basis Mittelwertberechnung einer fünfstufigen Skala (+ 2 = in sehr hohem Maße, – 2 = in keiner Weise relevant)

Wirtschaftswissenschaften (Daten einer Studie der BBDO Consulting, siehe Gelbert & Inglsperger, 2008, S. 17). Auch hier erweist sich ein hohes Gehalt als verhältnismäßig wenig bedeutsam. Wichtig ist allenfalls, dass die Entlohnung mindestens branchenüblich ist. Nach diesen Daten hängt das Gehalt nur bis zu einem gewissen Schwellenwert eng mit der Bewertung des Arbeitgebers zusammen, oberhalb dieses Schwellenwerts verliert der Aspekt der Entlohnung für die Gesamtbewertung an Bedeutung. Allerdings muss hier betont werden, dass es sich in den genannten Studien um die Bewertung von Arbeitssuchenden handelt und nicht um Personen, die sich mitten im Entscheidungsprozess befinden oder gar dem Unternehmen bereits länger angehören.

Eine weitere Besonderheit der Daten von Gelbert und Inglsperger (2008, siehe Tabelle 3) sollte noch erwähnt werden. Hier findet sich die Vereinbarkeit von Beruf, Karriere und Familie unter den überdurchschnittlich bedeutsamen Kriterien. Dies war in den Daten von 2002 (z. B. VDI Nachrichten, 2002) noch anders: Hier rangierte der Aspekt „Mit Familie gut vereinbar" noch eher im Mittelfeld der Bewertung. Diese Entwicklung bestätigt die Befunde von Opaschowski (2008), der seit den 90er-Jahren eine wachsende Zustimmung zu Familie und Kindern bei gleichzeitig hoher Leistungsbereitschaft unter den 14- bis 34-Jährigen beobachtet (siehe auch Kapitel 3.1.1).

Die Befunde zeigen, dass junge Arbeitsuchende voraussichtlich kaum durch materielle Anreize zu motivieren sein werden, sich bei einem Unternehmen zu bewerben. Deutlich wichtiger sind das allgemeine Wohlbefinden bei der Arbeit, das soziale Klima am Arbeitsplatz und die dortigen Entfaltungsmöglichkeiten. Auch das Image des Unternehmens kann nur insofern bedeutsam werden, als es die Befriedigung genau dieser Bedürfnisse in Aussicht stellt. An sich lag den Befragten jedenfalls relativ wenig daran, in einem Unternehmen mit *hervorragendem Image* oder *starker Marktposition* zu arbeiten.

Materialismus bei sich selbst und bei Dritten

Wie wichtig ist nun aber die Bezahlung für die Bewerber wirklich? Was muss man darauf geben, dass Bewerber dieses Merkmal auf Nachfragen oft eher niedrig bewerten? Wollen sie damit nur ein positives Bild von sich selbst abgeben (wie z. B. Schuler & Moser, 1993, oder Watzka, 2003, vermuten)? Diese Erwartung wird scheinbar durch den Befund gestützt, dass Befragte erwarten, die Entlohnung sei für andere wichtiger als für sie selbst (Jurgenson, 1978, zit. n. Schuler & Moser, 1993). Dieses Muster lässt sich als eine Form der Projektion interpretieren, bei der die eigene wenig schmeichelhafte materialistische Einstellung auf außenstehende Dritte projiziert wird. Allerdings macht diese Interpretation die Voraussetzung, dass die nach außen projizierte Einstellung die eigene besser trifft als die, die sich Personen selbst zuschreiben – und diese Voraussetzung ist keineswegs immer korrekt. So finden sich durchaus Fälle, in denen es genau umgekehrt ist, in denen also die selbst zugeschriebene Einstellung valide und die projizierte verzerrt ist (so etwa bei dem Phänomen der pluralistischen Ignoranz, Allport, 1924). Insbesondere für die Unterstellung eigennütziger Motivation hat sich dies gezeigt: Menschen überschätzen tendenziell das Ausmaß, in dem andere durch materiellen Eigennutz motiviert werden (Miller, 1999).

Als Fazit bleibt festzuhalten, dass die Entlohnung ein zwar wirksames, aber vermutlich ambivalentes Mittel der Arbeitsmotivation ist und dass sie als Anreiz für Bewerber schon deshalb nur bedingt taugt, weil ein allzu starker Fokus auf hoher Entlohnung dem Selbstbild der Bewerber nicht entspricht.

3.2.2 Unternehmensimages

Image des Unternehmens und Selbstbild der Bewerber sollten einander entsprechen

Personen suchen Unternehmen, die nach ihrer eigenen Einschätzung zu ihnen passen. Sie suchen Unternehmen, die ihnen in „Persönlichkeit" und Werten ähnlich sind. Diese Passung ist eines der Auswahlkriterien bei der Arbeitsplatzsuche (z. B. Judge & Cable, 1997; Ryan & Tippins, 2004). In einer Analyse von Tom (1971) beschrieben Probanden Unternehmen und sich selbst anhand verschiedener Merkmale. Außerdem sollten die Unternehmen in eine Präferenzrangfolge als Arbeitgeber gebracht werden. Es zeigte sich, dass die bevorzugten Unternehmen der Selbstbeschreibung der Probanden deutlich ähnlicher waren als die weniger bevorzugten (ähnliche Befunde berichten z. B. Avery & McKay, 2006; Slaughter et al., 2004). Insofern erscheint das Unternehmen als eine Entwicklungs-Nische für den einzelnen, die aktiv aufgesucht wird.

Dass eine Passung von Unternehmenswerten und Mitarbeiter-Persönlichkeit günstig ist, gilt nicht nur für die Berufswahl und die Entscheidung für den Arbeitgeber. Westermann und Cyr (2004) konnten zudem nachweisen, dass die Passung von Person- und Unternehmensmerkmalen auch mit dem Erfolg des Mitarbeiters zusammenhängt: So fanden sie positive Effekte der Passung mit auf Fluktuation, Einstellungen, Stress und Leistung. Zudem ist die Passung auch zur Pflege der Arbeitgebermarke (siehe Kapitel 2.2.1) eine wichtige Forderung: Immerhin wirken Mitarbeiter gleichsam als Markenbotschafter (Forster et al., 2007), und diese Aufgabe erfüllen sie um so besser, je stärker sie selbst die Merkmale besitzen, für die auch das Unternehmen steht.

Unternehmen mit hoher Reputation ziehen auch die besseren Bewerber an

Die Reputation eines Unternehmens ist ein wichtiger Faktor bei der Entscheidung, sich dort zu bewerben. Unternehmen mit hoher Reputation sind aber nicht nur für *mehr* Bewerber attraktiv, sie ziehen auch offenbar die *besseren* Bewerber an. So erweist sich die Passung zwischen Unternehmensimage und Selbstbild der Bewerber häufig als eine Passung vor allem zum Leistungs-Selbstkonzept: Absolventen, die von sich glauben, den Anforderungen eines Unternehmens auch gerecht zu werden, bewerben sich auch eher bei attraktiveren Unternehmen (Schwaab & Schuler, 1991, zit. n. Schuler & Moser, 1993).

Turban und Cable (2003) berichten positive Korrelationen zwischen der Positivität des Unternehmensimages und verschiedenen attraktiven Bewerbermerkmalen, so etwa der akademischen Leistung oder der Fremdsprachenkompetenz. Dank dieser komfortableren Ausgangslage können Firmen mit hoher Reputation auch in der Auswahl der Personen, die sie zu einem Vorstellungsgespräch einladen, selektiver vorgehen. Dem entsprechend besitzen die Teilnehmer an Bewerbungsterminen in Unternehmen mit hoher Reputation deutlich mehr attraktive Merkmale (neben den genannten z. B. noch Auslands- und Berufserfahrung oder außeruniversitäres Engagement während des Studiums) als Bewerber bei weniger angesehenen Unternehmen.

Worauf beruht das Image eines Unternehmens?

Worauf nun beruht das Image eines Unternehmens? Die Antwort auf diese Frage hängt vom Blickwinkel ab. Das amerikanische Wirtschaftsmagazin *Fortune* gibt alljährlich eine Liste der 500 umsatzstärksten Unternehmen heraus und die Rangposition von Unternehmen in diesem *Fortune*-Ranking lässt sich am besten durch die reine finanzielle Leistungsfähigkeit vorhersagen (Fombrum & Shanley, 1990). Erst in zweiter Linie sind für die Reputation nicht finanzielle Aspekte (z. B. soziales Engagement, Medienpräsenz) bedeutsam. Dieses Muster wird in einer Reihe von Untersuchungen bestätigt (zum Überblick siehe Cable & Graham, 2000): Der finanzielle Erfolg eines Unternehmens scheint der entscheidende Faktor für seine Außenwahrnehmung zu sein.

Allerdings ist dieser Aspekt des Images für Mitarbeiter eher unwichtig. Dies zeigt sich schon bei den Angehörigen der Betriebe: Davies (2007) fand in einer Untersuchung an über 850 Managern keine Zusammenhänge der ökonomischen Macht mit der Arbeitszufriedenheit. Starke positive Effekte dagegen hatten Image-Merkmale wie *Freundlichkeit*, *Unterstützung* und *Ehrlichkeit*. Auch Bewerber und Arbeitssuchende orientieren sich kaum an der ökonomischen Stärke des potenziellen Arbeitgebers. Wesentlich bedeutender war persönliche Vertrautheit mit dem Unternehmen: Jemanden zu kennen, der dort arbeitet oder Produkte des Unternehmens selbst zu verwenden, waren weit wichtigere Prädiktoren für das Unternehmensimage bei Bewerbern (Gatewood, Gowan & Lautenschlager, 1993).

Unternehmensimages bei den Bewerbern

Watzka (2003) kommt in einer Umfrage zu dem Schluss, dass der Freundes- und Bekanntenkreis die wichtigste Quelle für Studenten zur Informationsgewinnung über potenzielle Arbeitgeber darstellt (ebenso Gelbert & Inglsperger, 2008; siehe auch Tabelle 1). Auch ehemalige und gegenwärtige Mitglieder eines Unternehmens können die Arbeitgeberwahl entscheidend beeinflussen, da ihnen erfahrungsgemäß eine hohe Glaubwürdigkeit zugeschrieben wird und sie somit oft als Meinungsführer fungieren. Als erstaunlichen Befund hebt Watzka (2003) hervor, dass viele große, international agierende Unternehmen bei den Studierenden gedanklich nicht präsent sind. Wesentlich bedeutender als etwa die Zugehörigkeit zum DAX-100 seien die lokale Verankerung der regional ansässigen Unternehmen und die Präsenz an den Hochschulen durch entsprechende Veranstaltungen. Den Standortvorteil könnten allerdings nur die größeren lokalen Unternehmen für sich nutzen. Kleinere Unternehmen der Region würden von den „Platzhirschen" verdrängt. Keinen bedeutenden Effekt auf die Attraktivität von Unternehmen fand Watzka (2003) für Merkmale wie „soziales Engagement" oder „Ökologiebewusstsein". Er folgert: „Mit dem Angebot, künftig zum ‚Club der Gutmenschen' zu gehören, dürfte nur eine verschwindende Minderheit der Jungakademiker zur Bewerbung bewogen werden" (S. 10).

Turban und Greening (1997) untersuchten im Unterschied zu den finanziellen Merkmalen von Unternehmen Eigenschaften wie soziales Engagement, Aktivitäten auf kommunaler Ebene, Beziehung zu Mitarbeitern, Umweltbewusstsein, Qualität der Produkte, Verhalten gegenüber weiblichen Mitarbeitern oder gegenüber Angehörigen von Minderheiten. Keines dieser Merkmale war für sich genommen prädiktiv für das Unternehmensimage bei potenziellen Bewerbern. Auf aggregierter Ebene, also als „Gruppe", sagten diese Merkmale jedoch immerhin 7 % der „Image-Varianz" vorher. Einen signifikanten Beitrag zur Imagewahrnehmung bei Arbeitssuchenden leistete aber auch in dieser Untersuchung der ökonomische Erfolg des Unternehmens.

Cable und Graham (2000) untersuchten Unternehmensimages unter Arbeitssuchenden mit einer Vielfalt von Methoden. So werteten sie etwa Verbalprotokolle aus, in denen Probanden über verschiedene Unternehmen sprachen. Die meisten spontanen Äußerungen zu den Unternehmen können vier verschiedenen Kategorien zugeordnet werden:

- Branche und Produkt (Was ist die Branche des Unternehmens? Welche Produkte gehören dazu?)
- Möglichkeiten zur persönlichen Weiterentwicklung
- Organisationskultur (Welche Werte vertritt das Unternehmen? Welche Menschen arbeiten typischerweise für das Unternehmen?)
- Persönliche Bekanntheit mit dem Unternehmen und frühere Kontakte.

Weder ökonomische Stärke, Shareholder-Value noch Verdienstmöglichkeiten zählten nach diesen Befunden zu den imageprägenden Merkmalen. In einem darauf aufbauenden Experiment manipulierten nun Cable und Graham (2000) die drei stärksten Merkmale aus den Verbalprotokollen sowie Unternehmenswert und Verdienstmöglichkeiten in fiktiven Unternehmenspräsentationen. Arbeitssuchende junge Akademiker sollten die fiktiven Unternehmen anhand entsprechender Beschreibungen, in denen die fünf Merkmale unabhängig variierten, beurteilen.

Experimentelle Prüfung unterschiedlicher Einflüsse auf das Unternehmensimage

Den engsten Zusammenhang mit dem Gesamtimage hatte die Affinität der Probanden zu Branche bzw. Produkt (Operationalisiert durch die Aussage: „This company is in the business of providing products and services that you would be proud to represent" bzw. ihr Gegenteil). Weitere starke Effekte zeigten sich für die Organisationskultur, Entwicklungsmöglichkeiten und Unternehmenswert (bzw. Profitabilität des Unternehmens). Effekte des Verdienstes bzw. des Eingangsgehalts gab es auch, sie waren aber gering.

Die Ergebnisse von Cable und Graham (2000) werden ergänzt durch eine Feld-Befragung, in die auch der bedeutende Faktor der Vertrautheit wieder aufgenommen werden konnte (Dieser Faktor ist experimentell schlecht zu untersuchen. Man kann von einem Unternehmen zwar behaupten, es zahle ein Eingangsgehalt von $ 39.000; man kann weniger überzeugend behaupten, der Proband kenne es bereits gut). Erwartungsgemäß zeigten sich in der Feld-Untersuchung signifikante Effekte für die Vertrautheit mit dem Unternehmen wie auch für Branche und Profitabilität. Organisationskultur und Entwicklungsmöglichkeiten zeigten sich hier als schwächere Prädiktoren, die zwar bivariat mit dem Gesamt-Image zusammenhingen, nicht jedoch in der multiplen Vorhersage.

Offenbar hängen also Image und Reputation eines Unternehmens bei Arbeitssuchenden nicht von den selben Faktoren ab wie bei Managern: Zwar ist der wahrgenommene Unternehmenswert durchaus auch für Arbeitssuchende bedeutsam, im Unterschied zur Wahrnehmung von Managern spielen aber für potenzielle Mitarbeiter noch andere Facetten eine große Rolle. Der am meisten hervorstechende Befund ist der, dass Arbeitssuchende anscheinend sehr nach der konkreten Branche urteilen. Das Gesamtimage etwa der Automobil-Industrie oder der Gastronomie an sich färbt demnach stark auf die Wahrnehmung des einzelnen Unternehmens ab. Arbeitssuchende legen Wert darauf, sich mit Unternehmen zu assoziieren, deren Produkte oder Leistungen sie hoch ansehen und wertschätzen. Dieses Ergebnis zeigt für Arbeitgeber die Notwendigkeit, nicht nur auf die Attraktivität ihres eigenen Unternehmens, sondern auch auf die der ganzen Branche zu achten und gegebenenfalls darein zu investieren. Cable und Graham (2000) nennen hier Discounter wie *Wal-Mart* oder Billig-Restaurants mit einem „Fast-Food"-Image, die in ihrer Personalwerbung versuchen, Stereotype über die jeweilige Branche aufzubrechen (zum Aufbrechen von Stereotypen siehe auch Kapitel 4.2.5). Andere Zweige, etwa die Tabak-Industrie, werden dagegen vermutlich relativ unabhängig von ihren wirtschaftlichen Erfolgen zumindest in bestimmten Gruppen von Arbeitssuchenden ein stabiles Negativ-Image behalten.

Bedeutung der Branche für das Image

Ein ebenfalls starker Faktor neben der Branche ist der Unternehmenstyp, zu dem Arbeitssuchende offenbar starke und hoch stabile Vorurteile hegen. So erwarten Bewerber zum Beispiel von einem Familienunternehmen stärkere persönliche Bindungen und ein engeres Verhältnis zum Vorgesetzten als von einer Aktiengesellschaft. Letztere wird demgegenüber aber im Vergleich als krisenfester, großzügiger und fortschrittlicher erlebt (Moser & Zempel, 2001, S. 69).

Persönliche Vertrautheit mit dem Unternehmen ist ebenfalls ein starker Prädiktor für das Image unter Arbeitssuchenden, allerdings ist dieser Effekt weniger stark als der für persönliche Entwicklungsmöglichkeiten und Branche.

3.2.3 Die Entscheidung für eine Arbeitsstelle als Prozess

Sequenzielle Prüfung der Alternativen

Arbeitssuchende prüfen die Unternehmensmerkmale nicht etwa simultan, sondern eher sequenziell. Wenn ein Set von Alternativen bestimmte Mindeststandards erfüllt, wird die Prüfung abgebrochen und die Entscheidung tritt in eine andere Phase. Werden die Standards nicht erfüllt, stellt sich die Frage, ob auch Zugeständnisse gemacht werden können. Nach einer Studie unter Arbeitslosen (Brixy & Christensen, 2002) sind Entscheider insbesondere bei der Tätigkeit selbst und bei den Arbeitszeiten zu Kompromissen bereit. Dagegen ist die Konzessionsbereitschaft gering, wenn ein niedrigeres Einkommen als bei der vorherigen Tätigkeit oder ein Wohnortwechsel in Kauf genommen werden müssten.

Bei der Berufswahl ist die Ausgangsmenge von Alternativen – zumindest soweit jugendliche Entscheider in Frage kommen – sehr groß: Es kommt eher selten vor, dass ein Jugendlicher eine einzige berufliche Option verfolgt, ohne Alternativen zu erwägen. Die Regel ist, dass Arbeitssuchende viele durchaus unterschiedliche Berufe prüfen.

Je mehr Alternativen ein Arbeitssuchender sieht, desto stärker lässt er sich auch von den Informationen beeinflussen, die er in den frühen Phasen seiner Entscheidung über das Unternehmen erhält (z. B. Ryan & Tippins, 2004). Wenn man voraussetzt, dass Bewerber, die attraktive Alternativen haben, auch für die Unternehmen attraktiv sind, bedeutet dies, dass die initialen Rekrutierungsbemühungen (z. B. auf Webseiten, in Broschüren, auf Messen oder Hochschulveranstaltungen) mindestens so attraktiv sein sollten wie die späteren.

Längsschnittstudie zum Entscheidungsprozess

Boswell et al. (2003) befragten Arbeitssuchende in einer Längsschnittstudie im Prozess der Berufsentscheidung. Die Auskünfte der Befragten, aus denen im folgenden etwas ausführlicher zitiert wird, stammen aus aktuell ablaufenden Überlegungen und nicht aus der Erinnerung daran. Ein erstes Ergebnis der Studie zeigt, dass arbeitssuchende junge Akademiker in einer frühen Phase ihrer Entscheidung vor allem auf die Tätigkeit selbst, die Unternehmenskultur und auf Entwicklungsmöglichkeiten achten, in späteren Phasen, wenn die Angebote bereits konkreter werden, aber Merkmale wie die Branche, der Standort des Unternehmens oder dessen Ruf relativ an Bedeutung gewinnen.

Unterscheidung zwischen Gründen für eine Ablehnung und für eine Annahme

Zum Verständnis der Entscheidungsprozesse muss man die Faktoren, die zur Ablehnung einer Option führen, von denen unterscheiden, die zur Annahme führen. Zum Beispiel zeigen Vorläufer-Studien, dass die Erfahrungen im Bewerbungs- bzw. Rekrutierungsprozess stärkeres Gewicht bei der Ablehnung eines Angebots haben als bei dessen Annahme (Boswell et al., 2003). Offenbar können Unternehmen im Rekrutierungsprozess viel falsch machen, und was sie richtig machen, ist dagegen allenfalls eine notwendige, aber fast nie hinreichende Bedingung dafür, dass sich attraktive Bewerber für das Unternehmen entscheiden.

Die Tätigkeit an sich ist sowohl ein Grund für die Annahme als auch für die Ablehnung, ebenso der Standort des Unternehmens und die Unternehmenskultur. Die Vergütung wird nur als Grund für eine Ablehnung genannt, nicht aber für eine Annahme. Dies entspricht den oben referierten Befunden von Gelbert und Inglsperger (2008, siehe Tabelle 3), denen zufolge das Gehalt ein Unternehmen zwar unattraktiv macht, wenn es ein bestimmtes Mindestniveau unterschreitet, das Unternehmen aber bei Überschreiten dieses Niveaus nicht attraktiver wird.

Ähnlich ist es mit der Web-Seite: Einige Probanden berichten, dass sie ein Angebot abgelehnt haben, weil sie die Web-Seite negativ bewerten. Umgekehrt wird aber bei der Annahme eines Angebots die Web-Seite nie genannt. Grundsätzlich finden Boswell et al. (2003), dass Gesichtspunkte, die in späteren Phasen des Entscheidungsprozesses bedeutsam werden, fast immer eher in eine Ablehnung einfließen, nicht aber in eine Annahme.

Zu den entscheidenden Pluspunkten für das Unternehmen, die ausschließlich für eine Annahme, nicht aber für eine Ablehnung prädiktiv war, zählte wieder die Vereinbarkeit von Beruf und Privatleben.

Wenig überraschend ist, dass die Bewerber in hohem Grade darauf achten, wie sie während des Bewerbungsprozesses behandelt werden. Dieser Faktor wird generell hoch bewertet, wie das folgende Zitat aus der Befragung exemplarisch zeigt (Boswell et al., 2003, S. 29): „How a company treats you during the recruitment process reflects the company's personality and how you will be treated as an employee. The way you are treated during recruitment is a good indicator of how the company treats its employees." Die Bewerbungssituation wird weiter unten in Kapitel 3.4 noch ausführlicher diskutiert.

Boswell et al. (2003) untersuchten weiterhin die Frage, ob eine Frist, bis zu der sich die Bewerber entscheiden müssen, eine Auswirkung auf Akzeptanz oder Ablehnung hat. Interessanterweise zeigten sich hier kaum negative Effekte von Fristen. Nur sehr vereinzelt bewerteten Bewerber ein Unternehmen wegen einer Frist negativ. Tendenziell wurden Fristen entweder neutral gesehen oder positiv bewertet, indem sie den Entscheidungsprozeß sinnvoll begrenzten. Einige Probanden berichteten gar, dass sie sich selbst und ohne Druck des Unternehmens Entscheidungsfristen gesetzt hätten. Zudem ging eine Vielzahl der Befragten davon aus, dass Fristen des Unternehmens auch noch verlängert werden könnten, was ein Teil dann auch in Anspruch nahm. Diese Erwartung freilich dürfte ihrerseits wieder eine Folge davon sein, dass das Unternehmen den Bewerbern erfolgreich sein Interesse signalisiert hat. Für die Annahme, Fristen könnten Bewerber abschrecken finden Boswell et al. (2003) keinerlei Belege.

Insgesamt zeigt die Studie von Boswell et al. (2003) drei Haupt-Ergebnisse.
1. In frühen Phasen der Entscheidung spielen andere Gründe eine Rolle als in späteren: Probanden nennen anfangs tendenziell mehr Gesichtspunkte als in späteren Phasen der Entscheidung. Generell verkleinert sich also der Kriterienkatalog bei der Entscheidung. Gleichzeitig haben aber die Bewerber jeweils eigene Kriterien, nach denen sie ihre Entscheidung ausrichten. Der gute Ruf des Unternehmens ist erst in späteren Phasen wichtig und fließt fast nur in eine Annahme, nicht in eine Ablehnung.
2. Für eine Ablehnung sind zum Teil andere Faktoren bedeutsam als für eine Annahme. Faktoren wie die Unternehmensgröße und das Verhalten der Ansprechpartner im Unternehmen spielen eine stärkere Rolle bei den Ablehnungen als bei den Annahmen. Umgekehrt spielen einige Faktoren, die in bestimmten Phasen für die Akzeptanz wichtig waren (z. B. Vergünstigungen, der Ruf des Unternehmens, Balance zwischen Arbeit und Freizeit) bei der Ablehnung keine Rolle.
3. Die Vorgabe von Fristen für die Entscheidung hat für sich genommen keine negativen Effekte. Entscheidend scheint hier zu sein, dass die Kandidaten ein echtes Interesse des Unternehmens wahrnehmen und dass sie eine gewisse Flexibilität bei den Fristen sehen.

3.2.4 Intrapsychische Prozesse bei der Berufsentscheidung

Vorhersage zukünftiger Bewertungen

Die Entscheidung für eine Arbeitsstelle enthält immer Annahmen darüber, wie man die Optionen in Zukunft bewerten wird. Allerdings ist diese Vorhersage wie es scheint prinzipiell problematisch: Menschen haben große Schwierigkeiten, korrekt vorherzusagen, was ihnen zukünftig wie gut gefallen wird (zum Überblick siehe Gilbert & Wilson, 2003). In der Regel überschätzen wir Dauer und Intensität unserer Reaktion auf künftige Ereignisse. Dies bedeutet auch, dass wir uns künftige Enttäuschungen weit gravierender ausmalen, als sie dann tatsächlich sind.

Dies bedeutet nicht, dass Unternehmen, das Risiko vernachlässigen dürften, die Erwartungen ihrer Bewerber zu enttäuschen. Enttäuschte Erwartungen sind nachweislich ein zentraler Risikofaktor in der Personalarbeit (z. B.

Moser, 2005; Rehn, 1993). Es bedeutet aber, dass die im Vorfeld artikulierte Bedeutung bestimmter Punkte mit hoher Wahrscheinlichkeit angesichts der Realität sinken wird.

Der Grund für diese Dynamik liegt vermutlich in Anpassungsprozessen, die Menschen nach bedeutenden Ereignissen stets in relativ kurzer Zeit auf ihr habituelles Zufriedenheitsniveau zurückkehren lässt. Diese Prozesse bezeichnen Gilbert und Ebert (2002) als „psychologisches Immunsystem". Dank diesen Mechanismen gelingt es Menschen offenbar, selbst nach schweren Schicksalsschlägen, eine ähnliche Befindlichkeit zu erlangen wie vor dem Ereignis (Brickman, Coates & Janof-Bulman, 1978).

Normalerweise steigt die Zufriedenheit mit einer Entscheidung über die Zeit

Eine wichtige Voraussetzung allerdings zur Wirkung dieses Immunsystems besteht darin, dass „Fakten geschaffen" wurden. Zum Beispiel zeigen Lawler, Kuleck, Rhode und Sorensen (1975), dass Bewerber die Unternehmen, für die sie sich dann letztlich entschieden haben, nach ihrer Wahl noch einmal deutlich positiver bewerten als vor der Wahl und dass dieser Effekt sich sogar bis ein Jahr nach dem Eintritt in das Unternehmen weiter verstärkt. Die bloße Tatsache, sich nunmehr entschieden zu haben, führt also zu einer weiteren Aufwertung der gewählten Optionen. Erklärt wird dieser Effekt üblicherweise mit der Theorie der kognitiven Dissonanz (z. B. Festinger & Carlsmith, 1959): Der unangenehme Gedanke, eine falsche Wahl getroffen zu haben, wird durch eine weitere Aufwertung der gewählten Optionen besonders nachdrücklich vermieden.

Von besonderer Bedeutung allerdings ist hier die Unumkehrbarkeit der Umstände. Menschen passen sich nur solchen Gegebenheiten an, die sie für unveränderlich halten. So können zum Beispiel Gilbert und Ebert (2002) zeigen, dass Personen ein Bild, das sie gewählt hatten, nur dann gegenüber einer nicht gewählten Alternative aufwerten, wenn sie ihre Entscheidung nicht mehr rückgängig machen können. Wenn dagegen eine Rückgabe-Garantie galt, sank die Zufriedenheit mit dem gewählten Bild sogar.

Zufriedenheit kann erst einsetzen, wenn die Entscheidung als endgültig erlebt wird

Somit ist auch in der Untersuchung von Lawler et al. (1975) eine Steigerung der Zufriedenheit nur bei solchen Mitarbeitern zu erwarten, die ihre Entscheidung als endgültig und bindend verstanden haben. Diese Befunde werfen ein problematisches Licht auf Marketing-Strategien, die auf Unverbindlichkeit und Rücktritts-Garantien und die Umkehrbarkeit einmal getroffener Entscheidungen setzen: Personen bevorzugen zwar solche Entscheidung im voraus, sie sind aber im nachhinein mit ihren Ergebnissen weniger zufrieden (Gilbert & Ebert, 2002; siehe auch Felser, 2004).

Für das Personalmarketing ist es daher wichtig, neu gewonnene Mitarbeiter früh an das Unternehmen zu binden und ihnen das Gefühl zu geben, zum Unternehmen zu gehören und mit dem Eintritt eine weitreichende und endgültige Entscheidung getroffen zu haben. Dass mit der Zusage des Bewerbers die nötige Verbindlichkeit aus dessen Sicht noch nicht unbedingt hergestellt ist, zeigt ein Befund von Ivancevich und Donnelly (1971). Danach haben 12,5 % der Manager, die einem Unternehmen bereits zugesagt hatten, diese Zusage später wieder zurückgezogen. Hier kann das Personalmarketing durch geschicktes Bewerbermanagement wirksam eingreifen: Die Zahl der Rückzieher sank in einer vergleichbaren Gruppe, bei denen die Bewerber nach ihrer Zusage vom Unternehmen in weiteren Telefongesprächen kontaktiert wurden, auf 2,6 %.

Solche Gespräche können eben dazu genutzt werden, die Verbindlichkeit der Entscheidung zu erhöhen. Unverbindliche Entscheidungen, Probezeiten und die Möglichkeit kurzfristiger Kündigungen dagegen untergraben die Prozesse, mit denen sich Mitarbeiter ihre Zufriedenheit konstruieren. Sofern diese Unsicherheiten unvermeidbar sind (z. B. Probezeiten), sollten sie nicht noch eigens betont werden.

Eine weitere Anomalie beim menschlichen Entscheiden betrifft die Art der Information, die Entscheider aufsuchen. Menschen suchen nicht immer die Informationen, die ihnen am meisten nützen würden. Bewerber wünschen sich zum Beispiel häufig Bewerbungsgespräche mit Unternehmensvertretern, die relativ weit oben in der Hierarchie stehen, auch wenn diese Partner eigentlich eher schlecht über die künftige Tätigkeit Bescheid wissen (Schuler & Moser, 1993).

Die Bedeutung von Fakten wird von Entscheidern meist überschätzt

In der Informationssuche gibt es aber noch einen weit grundlegenderen Fehler: Normalerweise überschätzen Menschen bei Entscheidungen ihren Bedarf an reinem Faktenwissen und unterschätzen den Nutzen, den sie hätten, wenn sie mehr über die emotionale Seite einer Entscheidung wüssten. Dies zeigt das folgende Experiment von Gilbert (vgl. Gilbert & Wilson, 2003). Versuchspersonen konnten vor einer Entscheidung zwischen zwei Arten von Informationen wählen:

A) Erfahrungen anderer Personen, die sich bereits in der Situation befanden und aus eigenem Erleben Auskunft geben konnten, wie sie sich fühlten.
B) Fakten über die Situation.

Probanden wählten mehrheitlich Informationen vom Typ B. Tatsächlich zeigt sich aber in Kontrollbedingungen, dass Menschen sehr viel bessere Entscheidungen treffen, wenn sie Informationen vom Typ A nutzen: Wir können offenbar unsere eigene Zufriedenheit besser vorhersagen, wenn wir hierzu die Erfahrungen anderer betrachten. Wir haben aber eine fatale Neigung, diese Informationen zu Gunsten von Fakten zu vernachlässigen.

Das Unternehmen ist jedenfalls immer gut beraten, bei der Begegnung mit dem Bewerber den Kontakt zu künftigen Kollegen zu ermöglichen – diese Kontakte bieten für die Entscheidung oft eine bessere Grundlage als die rein faktenmäßige Unternehmenspräsentation.

3.3 Die Ansprache der Bewerber

3.3.1 Ansprachemöglichkeiten und Beschaffungswege

drei Beschaffungs-Quellen für Personal:
- interne Quellen
- externe Quellen
- Initiativbewerbungen

Wanous (1992, zit. n. Moser, 2005) unterscheidet drei wesentliche Beschaffungs-Quellen für Personal: interne und externe Quellen sowie Initiativ- bzw. Blind-Bewerbungen („walk-ins").

Interne Bewerberansprache

Die wichtigste *interne Quelle* für Personal bilden Besetzungen aus dem aktuellen Mitarbeiterstab. Durch Weiterqualifikation und Personalentwicklungsmaßnahmen können Betriebsangehörige effizient für anstehende Aufgaben bzw. Stellenprofile qualifiziert werden.

Eine weitere interne Quelle ergibt sich aus der Ausbildung im Betrieb. Weiterhin gehören zu den internen Beschaffungen Bewerbungen ehemaliger Praktikanten oder Diplomanden. Auch ehemalige reguläre Mitarbeiter können im Falle einer Vakanz angesprochen werden, auch hier würde man von einer internen Bewerberansprache sprechen. Weiterhin gilt als eine interne Quelle die persönliche Ansprache von potenziellen Bewerbern durch Betriebsangehörige.

Entscheidend für interne Quellen ist der unmittelbare Zugang zu Informationen über den Betrieb. In allen Fällen kennt der Bewerber den Betrieb aus der direkten Erfahrung, sei es, dass er diese Erfahrung selbst machen konnte, sei es, dass er direkt mit jemandem interagieren konnte, der ihm diese Erfahrungen offen vermittelt hat. Dieses Kriterium schließt die direkte Ansprache durch „Head-Hunter" und Vermittlungsagenturen von den internen Quellen aus – entscheidend ist der ungefilterte Zugang zu Informationen.

Fallbeispiel: Duale Studiengänge

Eine besonders effektive Form der internen Personalbeschaffung besteht in den sogenannten „dualen Studiengängen". Den Prototyp für eine duale Ausbildung bilden die Berufsakademien. In ihnen ist die Verzahnung von theoretischer Ausbildung und Berufspraxis noch enger als zum Beispiel an Fachhochschulen. So entsprechen zum Beispiel in einem Modell aus Baden-Württemberg zwölf Wochen mit Vorlesungen, Seminaren und Übungen weitere zwölf Wochen im Betrieb. „Nach zwei Jahren erwerben die Studierenden ihren ersten berufsqualifizierenden Abschluss. Nach sechs Semestern wird das Studium mit der Diplomarbeit und den Diplomprüfungen abgeschlossen" (Sauder, 2001, S. 62). Entscheidend für die Ausbildung an der Berufsakademie ist die Zusammenarbeit der staatlichen Studienakademie mit Betrieben der Wirtschaft und vergleichbaren Einrichtungen (z. B. Träger von sozialen Aufgaben). Betrieb wie Akademie wirken gleichberechtigt und mit gleichem Gewicht an der Ausbildung mit. Die Studierenden sind daher bereits während der Ausbildung – ähnlich wie in einer Lehre – Mitarbeiter in einem Unternehmen. Sauder (2001) resümiert, dass rund 92 % der Absolventen direkt nach der Ausbildung einen Arbeitsplatz bekommen und dass gut zwei Drittel der Absolventen gar von dem Betrieb übernommen werden, in dem sie ihre Ausbildung absolviert haben.

Auch die traditionellen Hochschulen bieten gelegentlich sogenannte „ausbildungsintegrierte Studiengänge" an, in denen „zeitlich parallel die Lehre (oder die Facharbeiterausbildung) und das Studium durchgeführt [wird]" (Verse-Herrmann, 2001, S. 9). Als dritte Form des dualen Studiums kommen Studiengänge für Berufstätige in Frage. Dies sind Studiengänge, die auf die bisherige Berufsausbildung und Berufstätigkeit aufbauen. Solche Verbund- oder auch Aufbau-Studiengänge werden mit Einführung von Bachelor- und Master-Abschlüssen an deutschen Hochschulen zunehmend populär, ermöglichen sie doch Berufstätigen parallel zu ihrer Tätigkeit zum Beispiel den hochqualifizierten Master-Abschluss zu erlangen.

Die Betriebe kostet die duale Ausbildung pro Mitarbeiter mehrere Zehntausend Euro, gleichwohl ziehen Unternehmen es oft vor, Mitarbeiter auf diesem Weg zu qualifizieren anstatt die zum „Nulltarif" ausgebildeten Akademiker von der Hochschule zu gewinnen (Verse-Herrmann, 2001). Den entscheidenden Vorteil sehen Unternehmen im Wegfall einer Einarbeitungs- und Kennenlern-Phase. Die Absolventen dualer Ausbildungen haben bereits hinreichendes betriebsinternes Wissen gesammelt und ihre sozialen Kompetenzen (bzw. deren Fehlen) unter Beweis gestellt. Zudem ist zu erwarten, dass sich die so geförderten Mitarbeiter unter dem Druck der Reziprozitätsnorm sehen und auch eine moralische Bindung an den Betrieb aufbauen.

Verse-Herrmann (2001, S. 11) fasst die Vorteile der Unternehmen durch duale Studiengänge wie folgt zusammen:
- Ausbildung hochmotivierter junger Menschen als zukünftige Leistungsträger und Fachkräftenachwuchs im Unternehmen,
- Einflussnahme auf die Ausbildung und Ausbildungsinhalte als Partner der Berufsakademie oder der Hochschule und Profitieren von deren Know-how,
- Intensives Kennenlernen der zukünftigen Mitarbeiter,
- Leichte Integration in den Berufsalltag von Mitarbeitern, die sich im Betrieb auskennen.

Realistische Erwartungen an den Betrieb

Mitarbeiter, die auf internem Weg zum Unternehmen kommen, können in ihren Erwartungen nicht leicht enttäuscht werden, da sie das Unternehmen ja kennen (Moser, 2005). Auch in Bezug auf die Arbeitszufriedenheit oder das Gefühl, mit dem Unternehmen verbunden zu sein (Commitment, siehe Kapitel 2.2.2), finden sich signifikante Vorteile für Mitarbeiter, die über interne Quellen rekrutiert wurden. Die entscheidende Variable hierbei ist freilich nicht die Rekrutierungsquelle, es sind die subjektiv nicht enttäuschten Erwartungen: Der Effekt der Rekrutierungsquelle auf Zufriedenheit und Commitment wird durch enttäuschte Erwartungen vermittelt (Moser, 2005). Es spielt also in der Tat eine entscheidende Rolle, was die Bewerber und junge Mitarbeiter erwarten und wie sich dies in der Folge bewährt. Dies unterstreicht die Bedeutung einer realistischen Präsentation von Unternehmen und Kollegen: Jede Art von übertrieben positiver Darstellung und Schönfärberei erhöht das Risiko, dass Mitarbeiter, die mit dem Unternehmen nicht hinreichend vertraut sind, unzufrieden werden und – wie man bei geringem Commitment vermuten kann – das Unternehmen mittelfristig wieder verlassen.

Obwohl die Vorteile der internen Beschaffungsquellen nicht nur empirisch belegt, sondern auch intuitiv plausibel sind, werden sie in der Praxis überraschend wenig berücksichtigt. So finden zum Beispiel Rynes, Colbert und Brown (2002), dass nur die Hälfte der Personalverantwortlichen in Betrieben überhaupt wissen, dass die Fluktuation bei Mitarbeitern, die über eine Empfehlung ins Unternehmen gekommen sind, geringer ist als bei Mitarbeitern, die über eine Personalanzeige rekrutiert wurden.

Externe Bewerberansprache

Zu den externen Quellen zählen die üblichen Rekrutierungswege über Anzeigen, Aushänge, Arbeits- und Vermittlungsagenturen, Kontaktpunkten an den Hochschulen, Rekrutierungsseiten des eigenen Webauftritts und ähnliches. Wesentlich ist hier, dass die Bewerber auf ein konkretes Arbeitsangebot reagieren, dabei aber den Betrieb nur mittelbar kennen, etwa über Personalwerbung, Webseiten, Hochschullehrer oder andere mögliche Vermittler.

Verdeckte Personalanzeigen

Eine besondere Form der externen Ansprache stellt die „geschlossene“ oder „verdeckte“ Anzeige dar, bei der zunächst der Name der Organisation nicht genannt wird. Hierfür kann es verschiedene Gründe geben:

Zum Beispiel kann es vorkommen, dass eine Stellenausschreibung einen sensiblen Bereich im Unternehmen berührt. Wenn etwa in der Ausschreibung eine Position zur falschen Zeit eine neue Orientierung des Unternehmens offenlegen würde, wird das externe Personalmarketing die Ausschreibung im ersten Schritt noch anonym gestalten (Schlabinger & Hansen, 2004).

Andere Gründe könnten sein, dass das Unternehmen zunächst die Neugier möglicher Bewerber wecken und deren Aufmerksamkeit noch nicht auf mögliche Nachteile der Stelle lenken will. Die Hoffnung wäre, dass nach einer ersten Interessensbekundung das Unternehmen beim Bewerber den „Fuß in der Tür hat" und dieser hinzukommende Nachteile geringer gewichtet (Moser & Zempel, 2001). Es besteht hier das Risiko, dass sich grundsätzlich weniger Kandidaten von einer anonymisierten Anzeige angesprochen fühlen – mit der Möglichkeit freilich, dass die verbleibende Menge an Interessierten genau die für das Unternehmen interessante Gruppe bildet (Moser & Zempel, 2001). Allerdings werden durchaus nicht alle Formen der Anonymisierung hingenommen; so werden anscheinend Chiffreanzeigen von qualifizierten Bewerbern grundsätzlich abgelehnt (Eckstein, 1987, zit. n. Moser & Zempel, 2001).

Eine gezieltere Form der externen Bewerberansprache besteht darin, interessierte Personen aus einem bereits vorliegenden Bewerberpool über passende Stellenangebote zu informieren. Solche Bewerberpools werden zum Beispiel durch größere Jobportale im Internet bereitgestellt. Theoretisch könnte dies im kleineren Rahmen auch das einzelne Unternehmen für sich selbst leisten.

Die externe Bewerberansprache gehört zu den traditionsreichsten und sicher heute noch zentralen Aufgaben des Personalmarketings. Aus dem Aufgabenfeld, das hierzu gehört, werden weiter unten noch die Themen „Anzeigenwerbung", „Personalmarketing im Internet" und „Rekrutierungsveranstaltungen" (Kapitel 3.3.2 ff.) vertiefend diskutiert.

Initiativbewerbung

Bei der Initiativ- oder Blindbewerbung weiß der Bewerber nicht, ob zum Zeitpunkt der Bewerbung überhaupt eine Stelle frei ist. Auch hier kennt er häufig den Betrieb nicht aus eigener Erfahrung. Gleichwohl ist diese Form der Bewerbung relativ verbreitet. So findet zum Beispiel Moser (2005) in einer Befragung unter mehr als 700 Angehörigen eines deutschen Elektronik-Unternehmens, dass immerhin 34 % der Mitarbeiter auf eine Initiativbewerbung hin zum Unternehmen gekommen sind; weitere 9,4 % waren einer Kombination von interner Quelle und Initiativbewerbung (z. B. spätere Bewerbung bei einer früheren Praktikumsstelle) zuzuordnen.

Online Portale und Communities

Eine besondere Spielart der Initiativbewerbung besteht darin, dass Arbeitssuchende Informationen über sich in Online-Portalen und Communities einstellen. Die Beteiligung an webbasierten Communities und Bewerberportalen erfüllt eine ganze Reihe von Funktionen, die Bereitstellung von Bewerbungsunterlagen ist nur eine davon. Allerdings ist die Recherche von Bewerberprofilen in Communities auch auf Seiten der Unternehmen eine der ersten Webanwendungen, die überhaupt genutzt werden (Deutsche Gesellschaft für Personalführung, 2008).

3.3.2 Anzeigenwerbung

Die Stellen-, Image- oder Personalanzeige ist sicher die häufigste Form der Kommunikation im Personalmarketing. Sie gilt als der bedeutendste externe Beschaffungsweg von Personal; und sie scheint auch bezogen auf die Zuverlässigkeit, mit der sie zum Erfolg führt, an zweiter Stelle nach der Vermittlung über persönliche Kontakte zu rangieren (Stoops, 1984). Ihr Hauptnachteil dürfte darin liegen, dass sie nicht besonders zielgenau wirkt. Zum Beispiel dürfte nur ein Bruchteil der Leser einer Zeitung oder Zeitschrift als Zielgruppe in Frage kommen. Daher ist mit hohen Streuverlusten zu rechnen, die Anzeigen werden dadurch verhältnismäßig kostenintensiv.

Personalanzeigen werden selbstverständlich auch im Internet präsentiert. Hier kommen zu der eigentlichen Anzeige noch die interaktiven Möglichkeiten des Mediums hinzu, dies wird in Kapitel 3.6 vertieft diskutiert.

Involvement beim Betrachten von Anzeigen

Wie soll man Stellen- oder Imageanzeigen gestalten? Hier gelten auf den ersten Blick die gleichen Gestaltungsempfehlungen wie für andere Anzeigen auch (siehe hierzu Kasten zu „Empfehlungen zur Anzeigengestaltung“). Trotzdem sind natürlich auch wichtige Besonderheiten zu beachten. Wie oben schon gesagt wurde, handelt es sich bei der Berufsentscheidung um eine Entscheidung von ungewöhnlicher Tragweite. Das Involvement bei Betrachtern von Stellen- und Imageanzeigen dürfte also höher sein als generell beim Anzeigenpublikum – schließlich geht es ja um Arbeit und berufliche Zukunft. Diese Folgerung stimmt aber nur bedingt. Ein Absolvent, der die Stellenanzeigen der *Zeit* oder *FAZ* liest, ist sicher wesentlich höher involviert als ein Betrachter von Werbeanzeigen einer Illustrierten. Anzeigen für diese Adressaten müssen daher auch anders gestaltet sein als Anzeigen für andere Adressaten. Die Frage ist allerdings, ob das Unternehmen nur Personen erreichen will, die gezielt in den erwartbaren Medien nach Stellenangeboten suchen. Wie steht es mit Personen, die noch in der Ausbildung sind, mit Personen, die bereits eine Arbeitsstelle haben oder mit der oben zitierten „stillen Reserve“, die sich nicht aktiv am Arbeitsmarkt beteiligt, obwohl sie für das Unternehmen von Interesse ist?

Unterschiedliche Adressaten-Situationen

Lachmann (2002) fordert, dass Werbung stets die Situation der Adressaten berücksichtigen soll. Diese Situation lässt sich in vielen Fällen antizipieren. Sie ist keinesfalls immer gleich, und je nach Situation gelten unterschiedliche Empfehlungen.

Mit Blick auf die Adressaten sind etwa folgende Situationen zu unterscheiden:

- Personen, die aktuell auf der Suche nach einer Arbeitsstelle sind (z. B. Personen die gerade eine Ausbildung absolviert haben, die ihre bisherige Arbeitstelle verloren haben oder die ihre Arbeitsstelle wechseln wollen),
- Personen, die in absehbarer Zeit Arbeit suchen werden (z. B. Personen in einer Ausbildung oder Arbeitnehmer in befristeten Verträgen),

- Personen, die bereits Arbeit haben und nicht die Absicht haben zu wechseln,
- Personen, die keine Arbeit haben und auch keine suchen.

Es liegt auf der Hand, dass in die ersten beiden Gruppen Personalanzeigen wesentlich involvierter lesen werden als die anderen Gruppen. Wendet man sich an diese Adressaten, darf die Anzeige informativer sein und mehr Text enthalten. Die Aktivierung ist tendenziell weniger wichtig, denn die Zielgruppe hat ein Problem, das sie lösen will: Die Anzeige sollte die Lösung zu diesem Problem in den Mittelpunkt stellen.

Unterschiedliche Medien

Mit Blick auf die Medien ergeben sich folgende Unterscheidungen:
- Medien, die gezielt aufgesucht werden (z. B. Stellenanzeigen in Fachzeitschriften, bestimmte Internetseiten, Berufsbeilagen der aktuellen Presse),
- Medien, die nicht gezielt aufgesucht werden, denen man sich aber nicht entziehen kann (z. B. Plakatwerbung in der U-Bahn, Kinowerbung, Warteschleifen im Call-Center)
- Medien, die nicht gezielt aufgesucht werden, und denen man sich auch entziehen kann (z. B. Tages- und Wochenzeitungen, Anzeigenblätter, Magazine, Illustrierte, Plakate am Straßenrand, Fernseh- und Radiowerbung, Mailings, Vereinszeitschriften, Hochschulpublikationen etc.).

Die Aufmerksamkeit, die man für die Werbung jeweils erwarten kann, nimmt von der ersten zur letzten Kategorie deutlich ab – um so wichtiger werden dann auch die Maßnahmen zur Aufmerksamkeitssteigerung und Informationsreduktion. Wichtig ist der Unterschied zwischen der zweiten und der dritten Kategorie: Anzeigen und Plakate werden in manchen Ausnahmesituationen durchaus länger betrachtet als eine bis drei Sekunden – und diese Situationen kann man antizipieren.

Empfehlungen zur Anzeigengestaltung

Im Durchschnitt darf man etwa eine bis drei Sekunden Betrachtungszeit für eine Anzeige erwarten. Um unter diesen Bedingungen wahrgenommen zu werden, sollten Anzeigen den Betrachter aktivieren. Eine Aktivation erzeugt man mit
- emotionalen Reizen (z. B. Erotik, Gesichter, Kinder),
- physisch starken Reizen (z. B. große Abbildungen, Farben),
- gedanklich herausfordernden Reizen (z. B. Mehrdeutigkeit, Verfremdung, Neuartigkeit).

Eine Aktivierung ist leichter, wenn sich die Werbung kontrastierend von ihrem Umfeld abhebt. Dies gelingt zwar durch Neuheit und Wechsel, dies birgt aber das Risiko, dass sich die Werbung zwar vom aktuellen Umfeld abhebt, nicht jedoch von anderer Werbung, die dieselbe Strategie verwendet. Für eine langfristige Wirkung ist daher unerlässlich, dass die Werbung eigenständig bleibt und wiedererkannt wird. Dies ist wiederum nicht durch intensiven und häufigen Wechsel in der Gestaltung zu erreichen, daher sollte der Wechsel sparsam eingesetzt werden.

Menschen sind in der Regel nicht in der Lage, mehr als 7 ± 2 Informationen gleichzeitig zu verarbeiten (Miller, 1956). Daher sollten Anzeigen nicht mehr als sieben voneinander unterschiedene Elemente enthalten (z. B. Bild, Headline, Text1, Text2, Absender ...).

Die visuelle Aufmerksamkeit des Menschen hat klare Präferenzen: Bild vor Text, Personen vor Landschaften, Gesicht vor Körper. Die Aufmerksamkeit wird von diesen Elementen ganz automatisch gebunden. Sollte dies nicht erwünscht sein, gilt die Regel: Ablenkende Bildelemente entfernen!

Der Betrachtungsweg verläuft von links nach rechts und von oben nach unten. Allerdings beginnt die Blickbewegung meist in der Mitte der Anzeige, so dass darüber liegende Elemente gar nicht mehr beachtet werden, denn „den Rückwärtsgang nach links oben mag das Auge nicht“ (Meyer-Hentschel, 1993, S. 80). Daher empfiehlt es sich nicht, wichtige Elemente oben zu platzieren. Eine Ausnahme ergibt sich aus der Grundregel, dass Menschen Bilder vor Texten fixieren. Optimal ist daher eine Anordnung, bei der ein möglichst aktivierendes Bild oben und darunter erst Headline und andere Textelemente stehen.

Schriften sollten nicht zu ungewöhnlich sein. Gebräuchliche Schriften werden wesentlich schneller erkannt. Um die Lesbarkeit zu erhöhen, sollte man einen kontraststarken Hintergrund wählen. Dunkle Schrift auf hellem Grund ist dabei besser lesbar als helle Schrift auf dunklem Grund.

Persönliche Erfahrungen sind eine der bedeutendsten Quellen für eine Einstellung (Felser, 2007). Werbung, die persönliche Erfahrung vermittelt und mehr die betroffenen Menschen als das Produkt in den Mittelpunkt stellt, ist daher auch die effektivere Gestaltungsform (Laskey, Fox & Crask, 1994). Daher verwenden auch viele Unternehmen in ihren Anzeigen Abbildungen mit persönlichen Aussagen von Mitarbeiter des suchenden Bereichs. Sie spiegeln damit zudem ein Stück Unternehmenskultur wider und geben der Anzeige einen stärkeren Erlebniswert.

Wichtig ist außerdem die zielgruppengerechte Auswahl des Mediums. Für die Gewinnung des technischen Nachwuchses bieten sich vor allem die „VDI Nachrichten“ für Unternehmen aus der Maschinenbau- und Elektronikbranche, die „Frankfurter Allgemeine Zeitung“ (FAZ), „Die Welt“ und die „Süddeutsche Zeitung“ (SZ) für überregionale Anzeigen an. Zwei weitere Gruppen der Printmedien haben ebenfalls an Bedeutung gewonnen. Dies sind zunächst Sonderpublikationen der großen überregionalen Tageszeitungen, wie z. B. die „Junge Berufswelt“ als

Beilage in „Die Welt“ oder „FH und UNI Ing“ als Beilage der „VDI Nachrichten“. Daneben spielen Bücher und Bewerber-Guides wie z. B. „Berufsplanung für Ingenieure“ vom Verlag Staufenbiel als Medium für Anzeigen und Personalimageanzeigen eine wichtige Rolle.

(Empfehlungen nach Felser, 2007; Lachmann, 2002; Meyer-Hentschel, 1993)

Imageanzeigen

Längerfristige Ziele

In den letzten Jahren ist es gerade im Anzeigenbereich zu einer Umschichtung zugunsten der Personalimageanzeigen und zu Lasten der Stellenanzeigen gekommen. Im Gegensatz zu den Stellenanzeigen dienen Personalimageanzeigen nicht der kurzfristigen Bedarfsdeckung, sondern zielen eher auf eine Langzeitwirkung. Sie sollen über den Aufbau und Erhalt des Arbeitgeberimages einen beständigen Zustrom an qualifizierten Bewerbern sicherstellen. Neben der langfristig angelegten Aufforderung zur Initiativbewerbung können Personalimageanzeigen auch Kontakte zu Studenten und Absolventen anbahnen, indem z. B. auf mögliche Praktika im Unternehmen hingewiesen wird. Zudem können durch Angabe von Kontaktadressen interessierte Studenten Informationsmaterial anfordern und somit den Erstkontakt zum Unternehmen herstellen. Hauptsächlich haben Personalimageanzeigen den Charakter einer unterstützenden Maßnahme (Ahlers, 1994).

Die Zielgruppe für Imageanzeigen dürfte im Schnitt deutlich niedriger involviert sein als die für Stellenanzeigen. Ihre Funktion ist eher die Vorprägung potenzieller Bewerber, und hierzu muss sie Vertrautheit mit dem Unternehmen schaffen. Daher mag die Aktivierung des Betrachters zwar gut und nützlich sein, sie darf aber nicht auf Kosten inneren Stimmigkeit gehen: Die Anzeige muss vertraute und eigenständige Elemente des Unternehmens enthalten. Ihr Ziel ist nicht in erster Linie aufzufallen, sondern mindestens genauso sehr: wiedererkannt zu werden (siehe auch Lachmann, 2002).

Positionierung als Arbeitgebermarke

Imageanzeigen sollten geeignet sein, das Unternehmen als Marke zu positionieren. Sie müssen sich nach außen daher vor allem von den Mitbewerbern unterscheiden. Bei der Gestaltung muss man sich daher nicht nur fragen, ob die Anzeige in dem Kontext auffällt, in dem sie auftreten wird, sondern auch, ob die Anzeige sich hinreichend von denen der Mitbewerber unterscheidet, auch wenn diese gar nicht den aktuellen Kontext bilden.

Diese Forderung ist oft nicht erfüllt. Pett und Kriegler (2007) kritisieren:

> Die meisten sagen einfach nur, wer sie sind und was sie machen. Nur wenige positionieren sich unverwechselbar beziehungsweise so, dass man weiß, wofür sie stehen. Es wimmelt von „führenden“ Unternehmen, die „einzigartige Chancen“ und „Entwicklungsmöglichkeiten“ bieten, wenn

> der Bewerber „Leidenschaft“ und „Teamgeist“ mitbringt. Wer sich „entfalten“, „dabei sein“ und so „richtig durchstarten“ will, auf den „freuen wir uns“. Willkommen im Floskelparadies. (S. 19)

Im Einklang mit der Arbeitgebermarke sollte in der Anzeige deutlich werden, wo die spezifischen Vorteile des Unternehmens liegen, warum gerade hier ein „Great place to work“ (Forster et al., 2007) sein soll. Wie beim Produkt die Unique Selling Proposition den spezifischen und nicht durch die Mitbewerber erreichbaren Nutzen ausdrückt, gibt es auch eine Unique Employment Proposition (UEP), die hier genannt werden sollte.

Einheitliche Unternehmenspräsentation

Um dies zu erreichen, müssen Imageanzeigen – wie jede andere Unternehmenskommunikation auch – in ähnlicher Weise die gleichen Inhalte transportieren: gleiche Aufmachung, gleiches Layout, gleiches Logo und so weiter. Praktisch bedeutet das auch, dass zum Beispiel die Personalanzeige für einen Pfleger oder eine Krankenschwester genauso aufwendig gestaltet sein sollte wie die für den Oberarzt. Dies ist nicht nur ein Erfordernis für eine durchgängige Kommunikation und einen einheitlichen Auftritt. Es ist gleichzeitig eine gute Gelegenheit, geringer dotierte und daher vielleicht unattraktivere Stellenangebote aufzuwerten. Gerade in dem vom Fachkräftemangel besonders betroffenen Pflege- und Gesundheitsbereich ist dies ein schwer wiegender Vorteil (Schlabinger & Hansen, 2004).

Goldene Regeln für Personalanzeigen

1. Passen Sie auf, dass Sie nicht mit Ideen und Headlines antreten, die andere schon benutzen.
2. Testen Sie die Entwürfe mit Vertretern der Zielgruppen. Wird Ihre Arbeitgeberpositionierung deutlich?
3. Seien Sie mutig. Trauen Sie sich, auch ungewöhnliche Ideen umzusetzen. Seien Sie anders – aber verlassen Sie nie den Pfad Ihrer Arbeitgeberpositionierung.
4. Vermeiden Sie Floskeln. Das Werben mit „attraktiven Aufgaben“ oder Weiterentwicklung“ ist nicht mehr glaubwürdig, da es alle tun.
5. Brüsten Sie sich nicht. Dass Sie „führend“ oder „groß“ sind, sagt über Sie als Arbeitgeber gar nichts aus. Kommunizieren Sie intelligent und überraschend.
6. Orientieren Sie sich nicht an Bewerberpräferenzen. Sie unterliegen ständigem Wandel und sind je nach Berufsgruppe oder Karrierephase unterschiedlich. Effektiver ist es, Ihre eigenen Stärken, Erwartungen und Anforderungen zu kommunizieren.
7. Wecken Sie in und zwischen den Zeilen nur Erwartungen, die intern gehalten werden können.

(Quelle: Deutsche Employer Branding Akademie, 2007, S. 26)

Stellenanzeigen

Kurzfristiges Ziel

Stellenanzeigen haben im Unterschied zu Imageanzeigen das Ziel, zu einer konkreten Handlung anzuregen. Relativ zur Vertrautheit wird hierzu das Ziel der Aktivierung wichtiger, Neuheit und Wechsel sind hier eher angezeigt als bei der Imageanzeige. Sicherlich sind in der Zielgruppe der Stellenanzeigen deutlich mehr hoch involvierte Betrachter als man normalerweise für Anzeigen erwarten darf. Allerdings gilt dies, wie oben bereits angedeutet, nur für Teile der Zielgruppe.

Inhalte einer Stellenanzeige

Auch andere Unterschiede zu anderen Werbeanzeigen sind zu beachten: Zum Beispiel ist bei einer Arbeitsstelle mehr als bei Gütern oder Dienstleistungen die Passung zwischen Anbieter und Nachfrager gefragt. Man bietet ja nicht nur etwas an, sondern sucht auch jemanden, der dazu passt. Daher empfiehlt z. B. Detmers (2002, S. 70), in eine Stellenanzeige mindestens die folgenden Angaben einzuflechten:

1. Wir sind ...: Beschreibung des Unternehmens, Information über die Branche, Größe und Marktstellung
2. Wir suchen ...: Bezeichnung der Position, Aufgabestellung, Entwicklungsmöglichkeiten, Verantwortlichkeiten
3. Wir erwarten ...: Ausbildung, spezielle Erfahrungen, persönliche Voraussetzungen, soziale Fertigkeiten
4. Wir bieten ...: Arbeitsumgebung, Personalentwicklung
5. Sie erreichen uns ...: Ansprechpartner, Hinweise über Bewerbungsart und -unterlagen, Information über Auswahlverfahren.

Regeln bei der Formulierung

Um mit diesen Angaben auch erfolgreich zu sein, geben Böcker und Helfenstein (2004) fünf Regeln aus:

- Regel Nr. 1:

  Etwas bieten! Viele Stellenanzeigen beginnen mit Forderungen und Bedingungen. Tatsächlich lässt sich aber das, was man sucht, auch über ein positives Angebot formulieren. Zudem: Wenn es oben heißt, „Wir bieten ...", dann sollte dies auch wertvoll und für die Zielgruppe attraktiv sein. Dabei ist die Einleitung „Wir bieten ..." oder die Überschrift „Was bieten wir Ihnen?" ein praktikabler Einstieg. Andere Möglichkeiten sind etwa Überschriften wie „Ihre Perspektive", „Ihr Weg in unserem Unternehmen" oder „Ihre Möglichkeiten".

  Das Angebot kann auch in die Aufgabenbeschreibung (Regel Nr. 3) integriert werden, wie z. B. hier in einer Online Anzeige von *Cosmopolitan Cosmetics*. Deren Praktikanten erhalten „einen exzellenten Einblick in die Welt des Markenartikelmarketings. Sie werden uns nicht nur über die Schulter schauen, sondern auch an konkreten Markenprojekten mitarbeiten und Ihre Meinung einbringen".

  Auch der Appell an die Wünsche der Bewerber (Regel Nr. 2) kann ein Angebot enthalten. Ein Beispiel der *Boston Consulting Group:* „Suchen Sie eine Position, in der Sie etwas sichtbar bewegen können? Wollen Sie die besten Unternehmen der Welt beraten und ihre strategische Ausrichtung mitgestalten? (...) Bestens, denn wir suchen 100 neue Beraterinnen und Berater." (Beispiele zitiert nach Böcker & Helfenstein, 2004, S. 43).

- Regel Nr. 2:
  An Wünsche der Zielgruppe appellieren! Hier ist der Ort, die Erkenntnisse aus der Personalforschung und Zielgruppenanalyse auszuwerten. Dabei ist es nicht allein wichtig, was in den Wunschlisten der Nachwuchskräfte besonders hoch bewertet wird, sondern auch, was – vielleicht entgegen der Erwartung – niedrige Werte hat. Andernfalls riskiert man, undifferenziert auf alles einzugehen, was gut und teuer ist. Merkmale wie etwa „Nähe zum Heimatort" oder „Finanzkraft des Unternehmens" werden je nach Branche, Zielgruppe oder historischer Zeit sehr unterschiedlich bewertet (z. B. Cable & Graham, 2000; Hofstetter, 1992). Hier müssen die passenden Befunde betrachtet und danach die Merkmale differenziert herausgestellt werden.
- Regel Nr. 3:
  Aufgabe genau beschreiben! Hier darf man konkret werden (Böcker & Helfenstein, 2004, S. 44). Grammatik kann dazu helfen. Zum Beispiel werden Formulierungen, die viele Substantive enthalten, in der Regel abstrakt und unanschaulich. Beinahe jedes Substantiv auf „-ung" ist zum Beispiel aus einem Verb gewonnen, so dass man es meist ebenso gut wieder zu einem Verb umfunktionieren und damit die Aussage lebendiger machen kann. Die Aussagen sollten zudem aktiv, nicht passiv formuliert sein, am besten als erlebte Wirklichkeit. Anstatt zu schreiben „Sie können ...", sollte man das „können" vermeiden und statt dessen schreiben: „Sie setzen Ihre hohen analytischen Fähigkeiten in verschiedenen Projekten um" (Beispiel nach Böcker & Helfenstein, 2004, S. 44).
  Auch hier sollte man darauf achten, dass man nicht undifferenziert wird: Wenn man Aufgaben konkret beschreibt, dann sollte dabei auch – zumindest implizit – ersichtlich sein, was *nicht* dazu gehört.
  Die Aufgabenbeschreibung soll dem Bewerber auch ein Bild davon vermitteln, welche Rolle seine Tätigkeit (und damit auch: seine „Abteilung") in dem Unternehmen insgesamt spielt. Die Tätigkeiten sollten also in einen Kontext eingebettet werden, den auch der Firmenfremde richtig einordnen kann.
- Regel Nr. 4:
  Glaubwürdig bleiben! Um glaubwürdig zu sein, ist es eine bedenkenswerte Option, Nachteile explizit anzusprechen. Es spricht eine erstaunliche Menge an Evidenz dafür, dass zweiseitige Kommunikation, also eine Botschaft, die Vor- und Nachteile anspricht, überzeugender ist und eher eine Einstellung verändert als dieselbe Kommunikation, wenn sie nur die Vorteile enthält (Bohner & Wänke, 2002; Felser, 2007; mehr hierzu in Kapitel 3.4.4). Zweiseitige Kommunikation, also auch „das Eingestehen von Nachteilen" erscheint sicherlich vielen Unternehmen als ein Wagnis, allerdings ist dies auch einer der vielen Gründe, warum diese Kommu-

nikationsform so wirksam ist: Sie wird seltener gewagt und passt daher nicht in das Schema der Betrachter.

– Regel Nr. 5:
Schöner filtern! Das Unternehmen hat das legitime Interesse, dass sich möglichst nur geeignete Kadidaten bewerben. Günstigenfalls selektieren sich die Bewerber selbst bereits im Vorfeld, so dass Ungeeignete gar nicht erst auf den Gedanken kommen, eine Bewerbung abzugeben. Hierzu gibt es interessante Möglichkeiten, so etwa auch die immer populärerer werdenden Self-Assessments (siehe hierzu Kapitel 4.3). Aber auch in der Anzeige selbst kann man bereits Kandidaten herausfiltern.
Um die eher ungeschickten Imperative zu vermeiden, könnte man die Anforderungen erfragen (z. B. „Sie arbeiten gern in größeren Teams?“) oder in Aussagen fassen: „Sie sind Wirtschaftswissenschaftler mit den Vertiefungsfächern Bankbetriebslehre oder Wirtschaftsprüfung“. Wenig aussagekräftig ist die Forderung nach Schlüsselfertigkeiten (neudeutsch: „Soft Skills“) oder sozialen Kompetenzen, wenn sie pauschal gestellt wird. Hier empfiehlt es sich, die geforderten Fertigkeiten konkret zu benennen, z. B. Verhandlungsgeschick, die Fähigkeit, sich schnell auf unterschiedliche Gesprächspartner einzustellen, oder das Gespür für Kundenbedürfnisse (Böcker & Helfenstein, 2004, S. 45).

Festhalten an der traditionellen Personalanzeige?

Personalanzeigen sind ein sehr traditioneller Weg der Ansprache und Beschaffung, der sicherlich reichlich Konkurrenz hat. Wie bereits angesprochen sind zum Beispiel persönliche Kontakte für das Personalmarketing effektiver als Anzeigen. Mit dem Internet sind zudem die Möglichkeiten des Bewerberkontakts so stark gewachsen, dass die Anzeige nur noch einen Teil der Ansprache ausmacht. Ob es sich lohnt, an diesem Kommunikationsweg festzuhalten, hängt aber nicht nur von seiner prinzipiellen psychologischen Wirksamkeit ab. Entscheidend ist auch, was die Adressaten erwarten! Solange potenzielle Bewerber Stellenanzeigen studieren, weil sie dort die wichtigen Informationen suchen, ist dieser Kommunikationsweg auch bedeutsam. Auch wenn andere Wege sinnvoller sein mögen, ist es sicherlich nicht die erste Aufgabe der Werbung, die Erwartungen der Adressaten zu „erziehen“, sondern vielmehr, sie zu befriedigen.

3.3.3 Personalmarketing im Internet

Als Informationsquelle ist das Internet das mit Abstand wichtigste Medium, über das sich Jung-Akademiker über potenzielle Arbeitgeber informieren (Gelbert & Inglsperger, 2008, Watzka, 2003; siehe auch Tabelle 1). Dementsprechend rekrutieren heute schon zwischen 70 und 95 % der Firmen ihre Mitarbeiter zumindest auch über das Internet, allerdings nutzen nur wenige Firmen dieses Medium ausschließlich (Moser & Göritz, 2005; siehe auch Göritz & Moser, 2002; H. Steiner, 2004).

Unterschiedliche Grade der Automatisierung

Der Internetauftritt eines Unternehmens kann je nach Automatisierungsgrad in fünf Entwicklungs- und Aufbaustufen eingeteilt werden. In der ersten Stufe werden vom Unternehmen Informationen aus Sicht des Personalmarketing zur Verfügung gestellt und personalrelevante Broschüren und Prospekte von Interessenten angefordert. In der zweiten Stufe werden dem Interessenten offene Stellen angeboten, um welche er sich per E-Mail oder postalisch bewerben kann. In der dritten Stufe können sich die Interessenten anhand eines vorgegebenen Fragebogens online bewerben, die Daten werden hier elektronisch weitergeleitet und verarbeitet. In der vierten Stufe werden die Kandidaten elektronisch analysiert und in A-, B- oder C- Kandidaten eingeteilt. C-Kandidaten erhalten elektronisch eine Absage, weil sie bestimmte Mindestkriterien nicht erfüllen. In der fünften Stufe kann der komplette Auswahlprozess über das Netz durchgeführt werden. Bisher werden in den Unternehmen vor allem die ersten drei Stufen angewandt (Jäger & Schumacher, 2004). Ein ausschließlich über das Internet ablaufender Bewerbungsprozess dürfte auch wenig sinnvoll sein, wenn dadurch die Möglichkeit zu einer persönlichen Begegnung entfällt (Moser & Göritz, 2005).

Vor- und Nachteile der Rekrutierung über das Internet

Die entscheidenden Vorteile einer Personalrekrutierung über das Internet sehen Moser und Göritz (2005) in folgenden Punkten:
- Zeitersparnis bei automatisierten Reaktionen,
- Kostenersparnis (gegenüber einer Zeitungsannonce ist eine Ersparnis von bis zu 90 % möglich),
- Größerer Raum zur Darstellung des Unternehmens,
- dank diesen Informationen auch bessere Selbst-Selektion der Bewerber (nur geeignete und hinreichend motivierte Personen bewerben sich).

Damit gehen aber auch auf der anderen Seite potenzielle Nachteile einher:
- Gefahr, dass zu viele Informationen gegeben werden, die die Bewerber überfordern,
- zu unspezifische Bewerbungen in zu hoher Zahl (Bewerber schicken unvollständige Angaben oder fragen unverbindlich an, ob sie sich mit einem bestimmten Profil überhaupt bewerben sollen),
- Generell das Risiko bei geringer Verbindlichkeit einen zu hohen Betreuungsaufwand zu erzeugen (auch wenn zum Beispiel Online-Tests angeboten werden),
- Kosten können für alle Beteiligten entstehen, wenn die Webseiten nicht gepflegt werden und auf dem aktuellen Stand sind, oder wenn die Informationen für die Entscheidung sich zu bewerben nicht ausreichen und Nachfragen nötig werden.

Außerdem können zum Beispiel automatisierte Antworten von Bewerbern als frustrierend erlebt werden, wenn sie ihnen das Gefühl geben, ihre Stärken nicht zur Geltung bringen zu können. Dies wirkt sich nicht nur negativ auf das Image des Unternehmens aus, es kann auch den Selbstwert und die Motivation der Bewerber untergraben (Moser & Göritz, 2005).

Online-Assessments

Manche Unternehmen bieten zusätzlich zu den Informationen über das Unternehmen und die Möglichkeit einer Bewerbung auch Tests an (Online-Assessments), mit deren Hilfe die Bewerber ihre eigene Eignung aber auch die Anforderungen des Unternehmens besser einschätzen sollen (siehe hierzu auch Kapitel 4.3). Als problematisch wird hier die möglicherweise geringe Datenqualität von zusätzlich angebotenen Tests gesehen. Die Befundlage ist offenbar widersprüchlich, einige Studien berichten erstaunlich hohe Übereinstimmung zwischen Online-Tests und den entsprechenden Papier-Bleistift-Versionen, während andere Studien hier Diskrepanzen finden (zum Überblick Moser & Göritz, 2005). Mögliche Lösungen dieser Problematik liegen sicher zum einen darin, entsprechende Tests in überwachten Laboren durchführen zu lassen, so dass die Kandidaten die Tests nicht zu Hause, sondern vor Ort bearbeiten (dies macht zum Beispiel die *Henkel KGaA*, DeRiese-Meyer & Hobrecker, 2006). Zudem wird es möglicherweise einen Unterschied machen, ob die Durchführung kostenpflichtig ist.

Anfangsschwierigkeiten

Zu den Kinderkrankheiten des Internets sind Erfahrungen zu zählen, nach denen Bewerber Angaben über Sprachkenntnisse, Hobbys oder Verdienstvorstellungen machen, ohne zu wissen, wo diese Daten landen. Bewerbungen sowie die kreativen Lösungen von Bewerbungsaufgaben verschwinden im Cyberspace, ohne dass Ansprechpartner oder Telefonnummern genannt werden (Schwerdtfeger, 1999). Nach einer Studie der FH Wiesbaden (z. B. Jäger & Frickenschmidt, 2003) waren allerdings etliche „Kinderkrankheiten" auch im Jahr 2003 noch nicht überwunden: So antworteten auf eine E-Mail-Anfrage eines Job-Interessenten nur knapp 50 % der Unternehmen innerhalb der ersten 72 Stunden, mehr als ein Drittel antwortete entweder gar nicht oder nur unzureichend. Dies lässt befürchten, dass die Möglichkeiten des Internet auch in Zukunft nur bis zu einem gewissen Grad und keinesfalls voll ausgeschöpft werden.

Branchenunterschiede bei der Eignung des Internets

Die formalisierte Bewerbung über das Internet erscheint nicht für alle Branchen gleich gut geeignet. So wird zum Beispiel befürchtet, dass individuelle Eigenheiten der Bewerber bei einem immer gleich aussehenden Bewerbungsformular nicht mehr erkennbar sein werden. Die Frage, *wie* sich jemand vorstellt, lasse sich kaum beantworten, wenn die Form vorgegeben sei (Schwerdtfeger, 1999). Als Ausweg aus dieser Problematik stellen beispielsweise manche Werbeagenturen ihren Online-Bewerbern kleine kreative Aufgaben. Bei einer Online-Bewerbung in der Werbebranche kann es durchaus vorkommen, dass die Kandidaten gleich eingangs etwas Persönliches über sich schreiben, ihr Lieblingsbuch nennen oder gar eine Anzeige, ein Plakat oder einen Spot entwickeln müssen. Die geforderte Kreativität geht in manchen Beispielen so weit, dass die Kandidaten aufgefordert werden, auf Rorschach-ähnliche Vorlagen zu assoziieren oder etwas Negatives positiv auszudrücken: „Stell dir vor, alle deine Freunde sind bei einem Unfall gestorben. Positiv: ‚Herzlichen Glückwunsch, Sie werden alle Ihre Freunde überleben'." (Schwerdtfeger, 1999).

Offenbar bestehen Möglichkeiten, über das Internet jene Qualifikationen nachzuweisen, die in dem bestimmten Beruf auch gefragt sind. Gleichwohl sind diese Möglichkeiten auch wieder begrenzt, sie gelten nur für bestimmte Qualifikationen in bestimmten Branchen – und Bewerbungsmappen mit Zeugnissen und anderen Dokumenten dürften ohnehin selbst dann nicht am Bildschirm gesichtet werden, wenn sie als Dateien zugesandt werden. So sieht zum Beispiel Nawrocki (2004) das Internet als Bewerbungsmedium auf Dauer hinter dem traditionellen Postweg in der „zweiten Liga" (S. 57). Jäger und Frickenschmidt (2003, S. 32) sind hier optimistischer: „Die digitale Bewerbungsmappe erlaubt eine differenzierte Darstellung, die der Papierbewerbung absolut ebenbürtig ist. Gestützt durch dynamische Formulare und mit der Upload-Möglichkeit für zusätzliche Dokumente kann der Bewerber ein aussagekräftiges Bild von sich vermitteln." Im günstigen Fall kann auch die spätere Kommunikation mit dem Unternehmen interaktiv über das Internet ablaufen, etwa indem der Kandidat den Bewerbungsstatus und zusätzliche Informationen abrufen kann und über das Internet zum Vorstellungsgespräch eingeladen wird.

Checkliste für Online-Personalmarketing

Maassen (2004, S. 87) stellt die folgende Checkliste vor, um ein Online-Personalmarketing im Sinne seiner AIR-Formel zu gewährleisten:
- Ist die Job- und Karriereseite mit einem Klick von der Unternehmenshomepage erreichbar?
- Finden sich Informationen zur Personalentwicklung auf der Homepage?
- Sind die Stellenanzeigen zu diesen Infos verlinkt?
- Werden Integrationsmaßnahmen auf der jeweiligen Seite vorgestellt?
- Kann man sich auf alle Stellenanzeigen online bewerben?
- Sind Testimonials (Bilder und Texte von Mitarbeitern) vorhanden?

Benutzerfreundlichkeit

In einer empirischen Untersuchung der Internet-Rekrutierung bei deutschen Firmen (Moser & Göritz, 2005) schneidet die Benutzerfreundlichkeit, die Usability insgesamt positiv ab. Die Interaktivität ist dagegen noch am wenigsten entwickelt, dies ist allerdings auch der am schwierigsten zu realisierende Teil der Webseiten.

Es erscheint als eine Binsenweisheit, dass Inhalte auf Webseiten logisch aufgebaut und leicht zugänglich sein müssen. Nachvollziehbare Menüführung und schnelle Ladezeiten sind entscheidende Faktoren hierbei. Solange man über zielgruppenspezifische Besonderheiten nichts weiß, dürfte es sich am meisten lohnen, wenn man hier konventionell vorgeht und mit dem Aufbau gängige Erwartungen befriedigt.

Üblicherweise geht man davon aus, dass eine ungünstige Menüführung und andere Mängel in der Benutzbarkeit zu frühen Abbrüchen beim Nutzer führen. Dies mag auch zutreffen, es scheint aber nur ein Teil der Konsequenzen zu sein, die sich aus einem ungünstig gestaltetem Webauftritt ergeben: Der Aufwand, der mit der Beschaffung einer Information einhergeht, hängt nicht nur mit der Wahrscheinlichkeit zusammen, diese Information überhaupt einzuholen. Allem Vermuten nach haben schwerer zugängliche Informationen in einer Entscheidung ein anderes Gewicht als dieselben Informationen hätten, wenn sie von Anfang an vorlägen. Bastardi und Shafir (1998) können zeigen, dass Personen sich eher gegen eine Sache entscheiden, wenn ein bestimmter Nachteil hierzu nur mit einem gewissen Aufwand zu erfahren ist. Ist derselbe Nachteil von Anfang an ohne Aufwand bekannt, fällt die Entscheidung wesentlich positiver aus. Dies würde bedeuten, dass schwerer zugängliche Informationen auf der Webseite entweder gar nicht nachgefragt werden, oder aber mit einem deutlich erhöhten Gewicht in die Entscheidung einfließen (siehe hierzu auch Kapitel 3.4.2).

schwerer zugängliche Informationen erhalten größeres Gewicht in Entscheidungen

Zusätzlich zur Selbstdarstellung auf eigenen Webseiten kann sich das Unternehmen noch an Online-Jobbörsen beteiligen (z. B. bietet *Xing* seit 2007 diese Funktion unter dem Label *Marketplace* an; eine frühe spezialisierte Anwendung aus den USA ist etwa *Jobster*, Meser & Jäger, 2007; unter www.erfolgreichnetzwerken.de findet man einen Überblick über Business Netzwerke). Diese Börsen sind besonders interessant für kleinere Unternehmen, deren Webseiten nicht spontan von potenziellen Bewerbern aufgesucht werden. Üblicherweise haben die Angaben auf den Jobbörsen ein bestimmtes einheitliches Format. Gleichzeitig hat aber das Unternehmen immer die Möglichkeit, den Link zur eigenen Homepage bereitzustellen, wo es die Informationen dann nach eigenen Bedürfnissen vervollständigen kann (Jäger & Schumacher, 2004).

Online-Jobbörsen

Einen Einfluss auf das Personalmarketing hat das Internet nicht nur durch Communities, Internet-Portale oder Job-Börsen: „Bereits 2005 konnten Arbeitgeber auf den (Produkt-)Bewertungsplattformen von *Ciao* und *Dooyoo* bewertet werden. Heute gibt es Anbieter, die sich darauf spezialisiert haben. So kann man z. B. bei *kununu* seinen (Ex-)Arbeitgeber nach Kriterien wie Betriebsklima, Aufstiegschancen und Arbeitsbedingungen bewerten“ (Meser & Jäger, 2007, S. 18). Diese Bewertungen sind der Kontrolle durch das Unternehmen entzogen – wie viele andere Informationen im Internet auch. Ein schlechter Ruf als Arbeitgeber kann sich also in dem meistgenutzten Informationsmedium der Bewerber (siehe Tabelle 1) relativ leicht verbreiten, und da auch nicht mehr aktive Links von Suchmaschinen gefunden werden, kann sich die einmal verspielte Reputation trotz Gegenmaßnahmen hartnäckig festsetzen (mehr hierzu in Kapitel 4.1).

Nicht kontrollierbare Einflüsse des Internets

3.3.4 Rekrutierungsveranstaltungen

Direkte Interaktion als wichtige Informationsquelle

Das Gespräch mit Beschäftigten des Unternehmens ist für Jung-Akademiker und Arbeitssuchende eine der wichtigsten Informationsquellen über potenzielle Arbeitgeber (Watzka, 2003). Daher rangieren Rekrutierungsveranstaltungen wie Firmenkontaktmessen, Firmenpräsentationen auf dem Campus, Workshops, Seminare und andere Events unter den Top-10 Informationsquellen unter Arbeitssuchenden (Gelbert & Inglsperger, 2008, siehe auch Tabelle 1).

Die Teilnahme an solchen Veranstaltungen ist auch dann sinnvoll für das Unternehmen, wenn akut gar kein Personal gesucht wird. Im Urteil der Wirtschaft haben Hochschulmessen nämlich eine hohe Image-Wirkung. Laut der Umfrage „Hochschul-Recruiting 2003" (zit. n. Spies, 2004) wirken nur noch die Firmen-Websites und die vergleichsweise kostenintensiven Praktika und Diplomarbeiten ähnlich positiv auf das Firmen-Image.

Allerdings werden Recruiting-Messen und Firmenkontaktbörsen vor allem gegen Ende des Studiums interessant, während im Laufe des Studiums eher Praktika wichtig sind (Watzka, 2003). Mit den entsprechenden Maßnahmen sollte man sich also vor allem an die Abschluss-Jahrgänge wenden.

Man kann drei Formen von Rekrutierungsveranstaltungen unterscheiden (vgl. Stümpel, 2003):

Hochschulmessen

a) *Hochschulmessen* finden an vielen Hochschulen statt und werden meist von Studentenorganisationen, aber auch professionellen Anbietern veranstaltet. Hier erhalten die Unternehmen die Möglichkeit, insbesondere Absolventen bestimmter Fachrichtungen auf ihr Unternehmen aufmerksam zu machen. Beispiele für Hochschulmessen sind z. B. die „Kontakta" (TH Karlsruhe), „CareerVenture", der „Deutsche Absolventenkongress" (Köln) oder die „Konaktiva" (TU Darmstadt). Zu den Auswahlkriterien der Messen sollten jedoch regionale Gesichtspunkte gehören. Ein norddeutsches Unternehmen wird kaum Rekrutierungserfolge auf Ingenieur-Messen im süddeutschen Raum verbuchen, schon allein wegen der geringen Mobilitätsbereitschaft dieser Zielgruppe und der relativ guten Arbeitsmarktlage. Auch sollte sich das Unternehmen vorher von der Besucherzahl und -qualität der Messe überzeugen. Hier sind Auswertungen wie absolute Besucherzahlen, Gesprächsstatistiken, Anteil der Studenten bestimmter Studiengänge etc. von Interesse (Ahlers, 1994).

Offene Rekrutierungsmessen

b) *Offene Rekrutierungsmessen* bieten eine weitere Möglichkeit, mit vielen Kandidaten an einem Tag in Kontakt zu kommen. So führt z. B. die Karrieretag GmbH bundesweit Recruiting-Events für Fach- und Führungskräfte mit unterschiedlichen Branchenschwerpunkten durch. Auf dem Recruiting-Tag des VDI-Verlags präsentieren sich schwerpunktmäßig Unternehmen, die Kontakte zu erfahrenen Ingenieuren, technischen Fach-

und Führungskräften und Young Professionals suchen. Auch diese Form der Rekrutierungsveranstaltung hat eher Messecharakter. Neben persönlichen Gesprächen an den Firmenständen erwarten die Besucher meist eine Vielzahl von Vorträgen zum Thema Beruf oder zum Unternehmen. Auch bieten viele Veranstalter in Kooperation mit Personalberatungen individuelle Karriereberatungen an (Stümpel, 2003).

c) *Recruiting-Events bzw. Workshops mit vorselektierten Kandidaten* stellen die effizienteste Form der Personalgewinnung dar. Nach eingereichten Anforderungsprofilen der Unternehmen werden die Kandidaten ausgewählt. Nur eine begrenzte Anzahl von ihnen wird dann zur Veranstaltung eingeladen. Veranstalter sind z. B. die *bmv Consulting GmbH* mit der „Talents 2003" oder die *Access AG*. An mehreren Tagen beobachten die Unternehmensvertreter die Kandidaten bei der Bearbeitung von Fallstudien aus den Unternehmen, Fachpräsentationen oder Gruppendiskussionen und führen vertiefende Interviews mit Wunschkandidaten am letzten Tag. Vor allem Unternehmen mit konkretem Personalbedarf nehmen an solchen Veranstaltungen teil. Dabei spielen Imageaspekte eine eher untergeordnete Rolle (Stümpel, 2003). Veranstaltungen mit vorselektierten Kandidaten werden in Konkurrenz zu den externen Messen auch als rein interne Seminare durchgeführt (siehe hierzu Kasten mit Beispiel *DaimlerChrysler* Tour und *Festo* S. 65).

Recruiting-Events

Vergleich unterschiedlicher Veranstaltungen

In einer Untersuchung der *Kienbaum Consultings GmbH* (zit. n. Spies, 2004) wurden verschiedene Karriere-Veranstaltungen miteinander verglichen. Dabei wurde der Marketing- und der Selektionswert der jeweiligen Veranstaltungen getrennt voneinander betrachtet: Einen hohen Marketingwert hat die Veranstaltung für das Unternehmen, wenn sie sehr bekannt und groß ist, wenn viele Fachrichtungen vertreten sind, ein attraktives Rahmenprogramm geboten wird und wenn die Firma eine gute Möglichkeiten zur eigenen Präsentation hat. Einen hohen Selektionswert haben dagegen Veranstaltungen, an denen nur ausgewählte Firmen teilnehmen, die nur spezielle Fachrichtungen ansprechen, die dann aber auch viele Möglichkeiten zu Gesprächen, Workshops und Fallstudien bieten. Gerade die letzteren Methoden gewinnen offenbar aus Unternehmenssicht an Attraktivität, weil sie im Gegensatz zu offenen Veranstaltungen die Streuverluste gering halten (Spies, 2004).

Zu den größten Messe-Anbietern gehört etwa der Absolventenkongress, der jährlich im November in Köln stattfindet. Ebenfalls groß sind die Anbieter „Konaktiva" und „Bonding", deren Messen an regionalen Standorten stattfinden und von studentischer Seite organisiert werden. Diese großen Messen haben vorrangig Marketingwert, schneiden aber, gerade wenn sie von studentischen Anbietern kommen, beim „Preis-Leistungs-Verhältnis" für die Unternehmen sehr gut ab. Rekrutierungs-Veranstaltungen, die mit einem

Auswahlverfahren arbeiten, wie etwa von „access“ oder „CareerVenture“ haben dem gegenüber einen höheren Selektionswert (Spies, 2004). Noch höher wird der Selektionswert freilich bei sehr spezialisierten Messen, die sich meist an andere Veranstaltungen angliedern, so etwa der am Rande der CeBIT stattfindende „Job & Career Market“ für die ITK-Branche oder für den Nachwuchs in der Werbe-Branche der Messetag des Werbekongresses, den Studierende der UDK in Berlin regelmäßig organisieren.

Auswahl der Unternehmensvertreter auf der Messe

Der Auftritt bei einer Rekrutierungsveranstaltungen ist natürlich im selben Sinne eine imagepflegende Maßnahme wie Anzeigen oder Spots und müssen in derselben Weise organisiert und gepflegt werden. Als Besonderheit kommt für diesen Auftritt der persönliche Kontakt zu den Bewerbern hinzu. Um diesen Kontakt zu optimieren, sollte das Unternehmen Vertreter entsenden, die sich in besonderer Weise hierzu eignen. Die Vertreter im Messe-Team sollten kontaktfreudig und kommunikativ sein, sowie einen Überblick über das Unternehmen, fachliches Wissen und Überzeugungskraft besitzen. Zudem sollten sie zum Unternehmensleitbild passen: Wenn zum Beispiel das Unternehmen in besonderer Weise auf Internationalisierung Wert legt, sollten die Unternehmensvertreter auf der Messe auch Auslandserfahrung haben.

Die demografischen Merkmale, also z. B. Alter, Geschlecht oder Herkunft der Unternehmensvertreter haben nachweislich kaum einen Effekt auf die Reaktion der potenziellen Bewerber (z. B. Ryan & Tippins, 2004). Allenfalls können diese Merkmale positiv genutzt werden, um die demografische Vielfalt im Unternehmen zu kommunizieren, was in Zukunft immer bedeutsamer werden dürfte.

Wichtiger als die Demografie sind jedoch Glaubwürdigkeit und Authentizität der Unternehmensvertreter. Diese Merkmale sind auch dann hoch, wenn mindestens einige Mitarbeiter der Zielgruppe möglichst ähnlich, also zum Beispiel ähnlich alt sind. Solche Personen sind besonders glaubwürdig, erst recht, wenn sie über das Unternehmen und das, was die Bewerber dort erwartet, aus eigener Erfahrung berichten können.

Interne Rekrutierungsmaßnahmen

Neben den externen Rekrutierungsveranstaltungen sind auch interne Maßnahmen der Unternehmen für eine zielgruppenbezogene Kontaktaufnahme möglich.

Zum Beispiel führen schon seit Jahren große Unternehmen verschiedener Branchen Veranstaltungen zum Zweck der Kontaktaufnahme durch (Spies, 2004). Darunter werden mehrtägige Kurse bzw. Workshops für Studenten verstanden, die inhaltlich meist Weiterbildungsseminaren entsprechen und als „Training off the job“ im Unternehmen angeboten werden. Die Veranstaltungen werden durch Printmedien an den Hochschulen, über gezielte Schreiben an Professoren, über die Unternehmenshomepage und über zusätzliche Medien bekannt gegeben.

Beispiel *DaimlerChrysler* Tour und *Festo AG & Co*

Ein Beispiel hierfür ist die „*DaimlerChrysler* Tour", zu der unterschiedliche Gruppen von Bewerbern eingeladen werden, so etwa im Jahr 2003 Ingenieurinnen und Ingenieure oder im Jahr 2002 nur Frauen (Spies, 2004). Hierbei besuchen die Kandidaten im Rahmen eines zweitägigen Programms unterschiedliche Standorte des Unternehmens in Deutschland und lernen so Tätigkeitsfelder und Kultur des Unternehmens kennen. Andere Veranstaltungen dieser Art laden die ausgewählten Kandidaten auch an attraktive Standorte in touristisch taugliche Gegenden oder an Standorte im Ausland. Im Fall von *DaimlerChrysler* „[werden] zwischen 30 und 40 % der zu den Events eingeladenen letztlich … einstellt" (Spies, 2004, S. 37). Damit sind die internen Varianten anscheinend die effektivsten Maßnahmen ihrer Art.

Ein weiteres Beispiel bietet die *Festo AG & Co.*, ein weltweit führender Anbieter von Automatisierungstechnik. Aus Mangel an qualifizierten Mitarbeitern vor allem im Bereich technischer Fachrichtungen hat das Unternehmen einen Innovationspreis ausgeschrieben. Für die Zielgruppe der Ingenieure technischer Studiengänge waren bestimmte Themenstellungen nach bestimmten Kriterien (Innovation, Nutzenorientierung, Umsetzbarkeit, Darstellungsform, theoretische Fundierung) zu bearbeiten. Die Auslobung des Preises wurde über Anzeigen, Internetauftritte und Messen bekannt gegeben. Höhepunkt der Marketingmaßnahmen war die „Roadshow" mit dem *Festo*-Expotainer, eine Art mobile Messe, die verschiedene Zielhochschulen anfuhr. Ziel war, den Bekanntheitsgrad der *Festo AG & Co.* bei Studenten technischer Fachrichtungen zu steigern. Durch eine hohe Anzahl von eingeschickten Arbeiten entstand ein großer Pool an interessanten Ideen und potenziellen Mitarbeitern (Speck, Kimmerle, Neher & Oltzscher, 2004).

3.4 Bewerbermanagement

> „Jeder dritte Bewerber stellt bei Bewerbungen häufiger fest, dass die in einer Online-Anzeige beworbene Position schon besetzt ist. Auch in gedruckten Medien stoßen etwa 13 % der Bewerber öfter auf veraltete Stellenangebote. Mehr als jeder dritte Bewerber fühlt sich zudem nicht hinreichend über den Ablauf des Rekrutierungsprozesses informiert. Jeder siebte Bewerber konnte die für Rückfragen genannten Mitarbeiter im Unternehmen nur schlecht erreichen. Schließlich erhalten auf Bewerbungen per E-Mail rund 15 % der Bewerber gar keine Antwort."
>
> (Untersuchung von Graue, 2005, zit. n. http://www.auto.de/content/view/7100/528/; Abfrage 22. 2. 2006)

Die Studie zeigt, dass Unternehmen durch ein mangelhaftes Bewerbermanagement qualifizierte Arbeitskräfte abschrecken. So erklären etwa 25 % der Befragten, sie hätten schon einmal ein konkretes Angebot abgelehnt, weil sie vom Arbeitgeber unzureichend informiert worden seien. Umgekehrt nennen Bewerber eine schnelle Reaktion auf die Übersendung der Bewerbungsunterlagen und überhaupt eine hohe Geschwindigkeit bei der Bearbeitung als positiven Faktor bei der Entscheidung für die Organisation (Schuler & Moser, 1993, S. 51). Als Folgerung schlägt Graue (2005) vor, das Bewerbermanagement einer spezialisierten Agentur zu überlassen, die als „Recruitingdienstleister" die Garantie für ein hohes Service-Niveau übernehmen. Der Bewerbungsprozess selbst sollte sogar genutzt werden, um die Inhalte der Arbeitgebermarke zu kommunizieren und zu stärken. Dies zeigt etwa das Beispiel von *Nike:*

Beispiel *Nike*

Anstatt bei einer Bewerbung lediglich die Nachricht „Danke für Ihre Bewerbung" zu senden, wird diese bei *Nike* um ein starkes Statement bereichert: ‚Use your imagination. If you are sure about what you want to do, you're half way there. There are no limits. Everyone at Nike has a dream. We use our life skills and professional talents to work towards it every day of our lives.' (…). Durch diese ehrliche und inspirierende Antwort wird bereits eine wertelastige Nachricht an den potenziellen Mitarbeiter kommuniziert, der so seine Absicht auf diese Ansprüche nochmals überprüfen kann" (Forster et al., 2007, S. 287).

3.4.1 Bewerbungssituation

Im Grunde ist die Bewerbungssituation im Prozess der Entscheidungsfindung für die Bewerber der Teil, der von Seiten der Unternehmen besonders gut kontrolliert werden kann. Andere Charakteristika sind vielleicht bedeutsamer als ausgerechnet das Verhalten in der Bewerbung, gleichwohl ist dieser Faktor wesentlich leichter zu beeinflussen als etwa die Tätigkeit, für die eine Kraft gesucht wird oder die Branche des Unternehmens.

Auswahlverfahren

Teil der Bewerbungssituation sind natürlich die Verfahren, die bei der Personalauswahl eingesetzt werden. Diese Verfahren sind in unterschiedlichem Grade akzeptiert, teilweise sind sie erklärungsbedürftig. Wenig problematisch ist das Bewerbungsgespräch: Bewerber akzeptieren und erwarten, dass die Gespräche im Bewerbungsprozess eine wichtige Rolle bei der Auswahl spielen. Weniger akzeptiert und daher erklärungsbedürftig sind dagegen zum Beispiel testpsychologische Verfahren (z. B. Schuler & Moser, 1993).

Ein wichtiges Merkmal für die Akzeptanz von Auswahlverfahren ist das Ausmaß an Kontrolle, das der Bewerber auf das Ergebnis ausübt. Bei undurchsichtigen Tests, aber erst recht natürlich bei Handschriftenanalysen, der Auswertung des Lebenslaufs oder einem Losverfahren sind die erlebten Kontrollmöglichkeiten gering, und dies ist allem Vermuten nach ein Hauptgrund dafür, dass diese Verfahren weniger akzeptiert sind (Schuler & Moser, 1993).

Auswahlgespräche müssen strukturiert sein, damit sie überhaupt einen Nutzen abwerfen. Unstrukturierte Interviews hängen kaum mit der späteren Bewährung im Beruf zusammen (z. B. Schuler & Höft, 2004). Ein weiterer Grund, der gegen unstrukturierte Gespräche spricht, ist die implizite Botschaft, die ein Bewerber diesem Interviewerverhalten entnehmen kann: Das Unternehmen kommuniziert ein zu geringes Interesse am Bewerber, indem schlecht vorbereitete oder unerfahrene Repräsentanten dieses wichtige Gespräch führen. Allzu stark strukturierte Interviews dagegen könnten als zu starr erlebt werden und insbesondere wieder dem Bewerber das Gefühl geben, in der Bewerbungssituation keine Kontrolle ausüben zu können (siehe auch Schuler & Moser, 1993)

Reaktionen von Bewerbern auf den Bewerbungstermin

Boswell et al. (2003) untersuchten den Entscheidungsprozess von Bewerbern, so auch unter anderem die Reaktionen auf den Bewerbungstermin: Als positiv vermerkt wurden Gelegenheiten, viele für die Stelle bedeutsame Personen zu treffen, gut vorbereitete Führungen über das Betriebsgelände oder die Gelegenheit, mit einer Begleitperson zur Bewerbung zu erscheinen. Auch kurze Reaktionszeiten und eine Nachbetreuung durch das Unternehmen wurden besonders positiv hervorgehoben.

Aufschlussreich sind auch die von Boswell et al. (2003, S. 29 ff.) zitierten Bewerber-Reaktionen im Originalton:

- „They called regularly to see if I had any questions. That showed they were really interested in me."
- „They took me to dinner and a party – that made me feel wanted."
- „They flew me down, had me meet with lots of people, took me to a dinner, cocktails, and a play. That really swayed it for me – they cared."

Auffallend ist, dass positive Erfahrungen in der Regel mit ähnlichen Worten beschrieben werden. So betonen die Befragten mehrfach, dass sie ein Interesse an ihrer Person wahrgenommen hätten (made to feel „wanted"/personal interest), dass die Atmosphäre entspannt und eher informell (relaxed or informal) und insgesamt angenehm (comfortable) gewesen sei.

negative Erfahrungen beim Bewerbungstermin

Machen die Bewerber negative Erfahrungen, so bedeutet das meist, dass die genannten positiven Merkmale fehlen. Vor allem wird es negativ erlebt, wenn es dem Unternehmen nicht gelingt, ein Interesse an dem Bewerber zu kommunizieren. Am häufigsten werden negative Erfahrungen mit dem Verhalten im persönlichen Gespräch genannt:

- „The interview was impersonal ... almost all technical questions. It was like a test. I had the feeling that they didn't care *who* was working for them – it could be anybody. It just didn't matter to them what type of person."

Nach den Erfahrungen im Gespräch entfallen die zweithäufigsten Nennungen auf Pannen beim Bewerbungstermin. Besonders hervorstechend sind etwa Erfahrungen, bei denen die Bewerber große Summen für Reisekosten und Unterbringung vorstrecken mussten oder der Termin an sich sehr unorganisiert ablief. Ein Bewerber resümiert aus dieser Erfahrung:

- „... and I thought to myself, if this is the way that they treat you when they are recruiting you, how are they going to treat you once you're an employee?"

Negative Erfahrungen beim Bewerbungstermin wiegen schwerer als positive

Das Auftreten des Unternehmens in der Bewerbungssituation ist offenbar auch von großer Bedeutung, wenngleich anscheinend eher in negativer Hinsicht: Man kann hier viel falsch machen, indem man durch einen schlechten Eindruck interessante Bewerber abschreckt. Man kann leider nicht im selben Ausmaß durch einen guten Eindruck den Bewerber zu einer Annahme bewegen (Boswell et al., 2003). Dies sollte freilich auch nicht überraschen: So fügen sich die Forschungsergebnisse von Boswell et al. (2003) über den Entscheidungsprozess von Bewerbern in eine ganze Serie von Befunden, nach denen stets negative Ereignisse und Merkmale auffälliger sind als positive (z. B. Tversky & Kahneman, 1981). Dies ist zwar eine grundsätzliche Verzerrung in der menschlichen Wahrnehmung, sie ist aber auch in gewissen Grenzen plausibel: Abgesehen von dem Nutzen, den es haben mag, auf potenziell schädliche, also negative Dinge in der Außenwelt besonders zu achten, widersprechen zudem negative Ereignisse häufiger als positive der Erwartung. Damit fällt das Positive, das die Wahrnehmer ohnehin erwarten, deutlich weniger auf als das unerwartet Negative.

Man kann daraus zum einen folgern, dass Unternehmen mit allen gängigen positiven Merkmalen (z. B. Freundlichkeit, Kompetenz, Zahlen von Reisenkosten etc.) nur die Erwartung erfüllen und daher damit keinen besonders tiefen Eindruck bei den Bewerbern hinterlassen. Man kann aber auch zum anderen schließen, dass unübliche und erwartungsdiskrepante positive Punkte ganz ähnlich auffallen wie die negativen.

3.4.2 Kommunikation von Nachteilen und negativen Punkten

Selbstverständlich dürfen Nachteile weder verschwiegen werden, so dass die Kandidaten sie erst kurz nach Antritt der Stelle bemerken, noch dürfen die Bewerber den Eindruck gewinnen, Nachteile würden ihnen strategisch vorenthalten.

Wie sollen nun mögliche Nachteile und negativen Informationen zu der Stelle kommuniziert werden? Hierzu gibt es unterschiedliche Empfehlungen: So argumentieren etwa Moser und Zempel (2001, S. 73), dass die Nachteile erst am Bewerbungstermin selbst zur Sprache kommen sollten. Sie begründen diese Empfehlung dissonanztheoretisch: Ein Kandidat, der sich bereits den Mühen des Kommens unterzogen hat, wird einen Rückzug seiner Bewerbung als dissonanter erleben, als ein Kandidat, der sich noch nicht weiter hervorgewagt hat. Das Unternehmen hat gleichsam mit dem Besuch des Bewerbers bei diesem „den Fuß in der Tür". Gelingt es nun in der Kommunikation, die Annahme der Stelle als „logische Folge" des bisherigen Verhaltens darzustellen, dann dürfte es in der Tat leichter sein, Informationen über die weniger attraktiven Seiten der Stelle zu kommunizieren. Entscheidend hierbei ist der frühzeitige Aufbau eines Commitments. Der Kandidat soll sich möglichst an sein Verhalten, seine Bewerbung, „gebunden" fühlen, soll es als seine persönliche, ungezwungene, intrinsisch motivierte Handlung ansehen. Dies erreicht man etwa, indem man sich im Gespräch an das intrinsische Interesse des Kandidaten anknüpft und eventuelle Hinweise auf eine extrinsische Motivation (z. B. Arbeitsmarkt oder familiäre Einschränkung, die den Kandidaten möglicherweise zu einer Bewerbung „zwingen") ausblendet oder abwertet. Commitment stellt sich bereits ein, wenn es nur *behauptet* wird. Daher dürfte es sich lohnen, den Bewerber von Anfang an so zu behandeln, als gehörte er bereits zum Unternehmen (siehe auch Felser, 2007, S. 283).

Argumente für eine späte Kommunikation von Nachteilen

frühzeitiger Aufbau eines Commitments

Allerdings sprechen gewichtige Argumente dagegen, Nachteile zum Unternehmen erst spät vorzulegen oder gar damit auf die Nachfragen der Kandidaten zu warten. Bastardi und Shafir (1998) können zeigen, dass Entscheider einer negativen Information sehr viel größeres Gewicht in ihrer Entscheidung geben, wenn sie nicht von Anfang an vorliegt, sondern erst später hinzukommt. Zum Beispiel sollten die Probanden entscheiden, ob ein Bewerber zu einem Studium zugelassen werden soll. In einer Kontrollgruppe lagen alle Informationen über den Kandidaten sofort vor, so auch ein eher mittelmäßiger Notendurchschnitt. Unter dieser Bedingung stimmten 57 % der Befragten für die Zulassung. In einer Experimentalgruppe war zunächst noch zweifelhaft, ob der Notendurchschnitt mittelmäßig oder hervorragend war. Erst zu einem späteren Zeitpunkt wurde dann mitgeteilt, dass es sich nur um ein mittelmäßiges Leistungsniveau handelte. Unter dieser Bedingung sank die Zustimmung zu dem Kandidaten auf 46 %. Derselbe Kandidat mit genau denselben Eigenschaften wird also bei einer verzögerten Präsentation einer nachteiligen Information deutlich seltener gewählt, als wenn alle Informationen sofort verfügbar sind. Entsprechende Ergebnisse erzielen Bastardi und Shafir (1998) mit einer Reihe von unterschiedlichen Entscheidungssituationen: Stets war das Gewicht einer negativen Information in einer Entscheidung größer, wenn sie nicht sofort vorliegt. Dies spricht dafür, Nachteile des Unternehmens relativ früh und vor allem ohne Nachfragen durch die Bewerber anzusprechen.

Argumente für eine frühe Kommunikation von Nachteilen

Allerdings kann man die Empfehlung auch umkehren: Röpcke, Läntzsch, Lehner, Pötzsch und Felser (2006) zeigen, dass auch positive Informationen mit größerem Gewicht in die Entscheidung einfließen, wenn sie erst später gegeben bzw. eigens nachgefragt werden. Hieraus ergibt sich die Faustregel: Sorge dafür, dass die Bewerber die Vorteile deines Angebots erfragen, und dass sie Nachteile ohne weiteres Bemühen sofort haben. Eigens erfragte Informationen fließen nämlich mit größerer Wahrscheinlichkeit in die Entscheidung ein als Informationen, die sofort und ohne Nachfragen verfügbar sind.

3.4.3 Wertschätzung durch die Gestaltung von Beziehungen

Die oben zitierten Befunde von Boswell et al. (2003) zeigen sehr deutlich, dass Bewerber darauf achten, ob das Unternehmen überhaupt an ihnen interessiert ist. Um dieses Interesse zu vermitteln, empfehlen Boswell et al. (2003) drei zentrale Strategien:

Kommunikation mit Bewerbern

1. *Kontinuierlich kommunizieren:* Hierzu gehört selbstverständlich eine schnelle Rückmeldung nach Eingang der Bewerbungsunterlagen. Aber auch weitere Rückmeldungen über den Status des Verfahrens sind willkommen und werden positiv erlebt.
   Manche Punkte im Verfahren sind vielleicht erklärungsbedürftig, so zum Beispiel die Anwendung von Tests und anderen standardisierten Verfahren. Bewerber vermerken auch negativ, wenn der Arbeitgeber keine detaillierten Angaben zur Tätigkeit machen kann oder wenn Interna offenkundig nicht zur Sprache kommen (Boswell et al., 2003). Hier sollten die Unternehmen auf Nachfragen vorbereitet sein oder – besser noch – bestimmte Fragen vorwegnehmend beantworten.

Aufbau einer Beziehung zum Bewerber

2. *Beziehungen aufbauen:* Arbeitssuchende sehen den gesamten Bewerbungsprozess sozusagen „unter dem Beziehungsgesichtspunkt"; sie betonen offenbar deutlich den „Beziehungsaspekt" der gesamten Interaktion. Wie Boswell et al. (2003) zeigen, folgern Bewerber aus den unterschiedlichsten Verhaltensweisen, wie der jeweilige Gesprächspartner oder das Unternehmen sie sieht und wie demnach die Beziehung zu bewerten ist. Verzögerte Rückmeldungen, unpersönliches Auftreten, geringe Flexibilität, schlechte Organisation werden unweigerlich als Zeichen des Desinteresses aufgefasst.
   Die Fokussiertheit auf die Beziehungsseite hat auch eine andere Konsequenz: Bewerber möchten im Rahmen der Bewerbung Beziehungen aufbauen, so etwa: wichtige Leute im Unternehmen treffen, aber auch solche Personen treffen, die sich mit der Tätigkeit auskennen oder die einmal ihre Kollegen werden.
   Dies alles spricht dafür, dass der Bewerbungsprozess so wenig distanziert und so verbindlich wie möglich ablaufen sollte.

An der Beziehung zeigt sich dann auch die Bedeutung etwa von Fristen: Arbeitgeber sind offenbar unsicher, ob sie durch das Setzen von Entscheidungsfristen ihre Bewerber abschrecken. Tatsächlich sind Fristen aber auch eine Gelegenheit, Beziehungsbotschaften zu setzen: Die wenigsten Bewerber in der Studie von Boswell et al. (2003) haben es negativ empfunden, wenn das Unternehmen eine Frist setzte; entscheidend war aber, dass sie daraus ein Interesse an ihrer Person ablesen konnten und dass sie – im Vertrauen auf dieses Interesse – sich auch frei fühlten, die Frist gegebenenfalls zu verlängern. In diesem Sinne sind Entscheidungsfristen an sich nicht negativ zu werten. Wenig sinnvoll sind Fristen dann, wenn sie als „Deadline“ erlebt werden, die den Kandidaten unter Druck setzt, ohne dass er Möglichkeiten zur Verlängerung sieht (Boswell et al., 2003).

3. *Beteiligte am Einstellungs-Verfahren gut auswählen und vorbereiten:* Die meisten Personen, die ein Job-Angebot ablehnen, nennen als einen Grund das Verhalten der Firmen-Angehörigen. Die Gesprächspartner seien beispielsweise schlecht informiert gewesen oder unorganisiert, oder aber sie hätten herablassend oder gar grob gewirkt (Boswell et al., 2003). Dieser Teil des Prozesses ist offenbar sehr bedeutsam, zumindest was das Ablehnen von Angeboten betrifft. Er ist aber auch vergleichsweise leicht zu kontrollieren.
   Wenn die Ansprechpartner für die Bewerber vorbereitet werden, sollte auf folgende Merkmale geachtet werden: Sie sollten sorgfältig arbeiten und gut organisieren können. Sie sollten sich zudem persönliche Informationen der Bewerber gut merken können und sollten überzeugend eine positive Einstellung und ein Interesse gegenüber dem Bewerber zeigen können (siehe auch Ryan & Tippins, 2004).

Auswahl der am Einstellungsverfahren beteiligten Personen

3.4.4 Glaubwürdigkeit in der Unternehmenspräsentation

In Bewerbungssituationen haben beide Parteien, Bewerber wie Unternehmen, das Ziel, sich möglichst positiv zu präsentieren. Dies wird sicherlich auch beiderseitig zugestanden, so dass niemand damit rechnet, ein völlig unverzerrtes Bild vom jeweils anderen zu erhalten. Trotzdem können die Präsentationen noch immer unterschiedlich glaubwürdig erscheinen und unterschiedlich gut überzeugen. Wichtige Faktoren für eine glaubwürdige Präsentation sind dem Kasten zu entnehmen (zum Überblick z. B. Felser, 2007).

Maßnahmen zur Steigerung der Glaubwürdigkeit

konkrete Erfahrungen vermitteln
Für ein Unternehmen, das sich Familienfreundlichkeit auf die Fahnen geschrieben hat, ist zum Beleg dieser Firmenphilosophie nichts wertvoller, als schon bei der Bewerbung selbst die Familienbelange der Bewerber

zu berücksichtigen. Dies kann ganz konkret geschehen, etwa indem das Unternehmen auch Reisekosten für den Partner oder die Partnerin der Bewerber übernimmt, um beiden Entscheidern die Möglichkeit zu geben, sich aus eigener Anschauung eine Meinung zu bilden.

authentische Kommunikatoren einsetzen

Nur selten hat man wie im obigen Beispiel die Gelegenheit, den Bewerber die Unternehmenskultur so hautnah spüren zu lassen. Kann man die konkreten Erfahrungen nicht direkt vermitteln, so kann man immer noch Kommunikatoren einsetzen, die ihrerseits diese konkreten Erfahrungen haben. Das ist einer von vielen Gründen, warum an einer Bewerbungssituation nicht nur potenzielle Vorgesetzte, sondern auch Kollegen und „Gleichgestellte" beteiligt sein sollten. Die Erfahrungen dieser Kollegen sind meist wesentlich überzeugender als eine Unternehmensstatistik, wobei natürlich möglichst beides vorhanden sein und inhaltlich auf dasselbe hinauslaufen sollte.

lebhafte Vorstellungsbilder erzeugen

Eine andere, vielleicht etwas subtilere Art der konkreten Erfahrung kann darin bestehen, Vorstellungsbilder zu erzeugen, in denen der Bewerber selbst bereits vorkommt. So ist es ohnehin günstig, den Bewerber von Anfang an so zu behandeln, als würde er bereits „dazugehören". Zum Beispiel kann man Arbeitsabläufe oder andere betriebliche Prozesse so beschreiben, dass darin handelnde Personen vorkommen und der Bewerber eine davon ist (zur motivierenden Wirkung mentaler Szenarien siehe z. B. Gregory, Cialdini & Carpenter, 1982).

spontan und flüssig kommunizieren

Man überzeugt andere mehr mit dem, was einem spontan, ohne großes Nachdenken über die Lippen kommt. Eine Unternehmenspräsentation, die in diesem Sinne „vor-" und „aufbereitet" wirkt, die von einem Video abgespult oder vorgelesen wird, ist daher weniger überzeugend als ein Gespräch mit spontanen Assoziationen und gelegentlich auch mal einem Versprecher. Hier gibt es daher auch Punkte, wo – ausnahmsweise – die Situation einmal „unvorbereitet" wirken darf, etwa wenn man etwas erzählt, worauf spontan die Rede kam und was man allem Anschein nach nicht jedem erzählt.

typische Beispiele geben, keine Extreme

typische Beispiele, keine Extreme

Was immer man zeigt, sollte für das Unternehmen möglichst typisch erscheinen, nicht extrem. Aus der Forschung zu sozialen Kognitionen (zum Überblick etwa Bless, Fiedler & Strack, 2004) weiß man, dass soziale

Stereotypen und Images durch extreme Beispiele eher im Sinne eines Kontrasteffekts geprägt werden.

Stellen wir uns vor, die Internationalität des Unternehmens soll durch einen Mitarbeiter verkörpert werden, dessen Auslandserfahrung nach den Maßstäben des Unternehmens bereits „extrem“ ist. Vielleicht ist er bereits in mehreren unterschiedlichen Ländern aufgewachsen, vielleicht hat er im Rahmen seiner Tätigkeit ungewöhnlich häufige Auslandsreisen unternommen, vielleicht hat er dabei Länder besucht, die für das Unternehmen normalerweise nicht aufgesucht werden. Mit solchen Beispielen riskiert das Unternehmen, dass sein tatsächliches Auslands-Engagement im Kontrast zu diesem außergewöhnlichen Beispiel bei näherer Betrachtung eher bescheiden wirkt.

Die Faustregel sollte daher lauten: Die Repräsentanten des Unternehmen sollen für das Unternehmen *typisch* sein, nicht *extrem*! Das kann im Einzelfall bedeuten, dass man sich vielleicht eher für einen „normalen“ Vertreter entscheidet anstatt für den „Überflieger“.

Diese Regel gilt für alle Informationen, die man zur Imagepflege über das Unternehmen ausgibt: Die Adressaten sollten dies immer als typische Beispiele, nie als Ausnahmen ansehen. Das ist einer der Gründe, warum eine gute Außendarstellung immer „aus einem Guss“ sein soll. Wenn etwa das Umweltengagement als einsamer Block aus den sonstigen Aktivitäten herausragt, dann lädt das den Betrachter oft genug zu einem kontrastierenden Vergleich ein: „Hier das Umweltengagement, dort das restliche Unternehmen“. Dieses Risiko besteht weit weniger, wenn jedes einzelne Merkmal für den Betrachter ein typisches Beispiel für das darstellt, was dieses Unternehmen auszeichnet.

zweiseitig argumentieren

Zweiseitige Argumentation

Vorhandene Nachteile zu kommunizieren ist nicht nur deshalb sinnvoll, weil die Mitarbeiter eventuelle Nachteile der Stelle ohnehin erfahren würden und diese dann möglicherweise um so höher gewichten, je später sie sie erfahren (siehe auch Kapitel 3.4.2). Es ist ein genereller Befund der Einstellungsforschung, dass Menschen zweiseitige Botschaften, also eine Kommunikation, die sowohl Vor- als auch Nachteile enthält, überzeugender wirken als einseitige (für einen Überblick siehe Bohner & Wänke, 2002; Felser, 2007). Dies gilt auch für die Unternehmenspräsentation während der Bewerbung: Die realistische Vorausschau auf die zukünftige Tätigkeit einschließlich der Nachteile geht mit einer verringerten späteren Fluktuation einher (z. B. Ryan & Tippins, 2004). Sie führt übrigens nicht unbedingt zu einer bereitwilligeren Annahme der Stelle: Saks (1989, zit. n. Schuler & Moser, 1993) konnte zeigen, dass die rea-

realistische Tätigkeits-vorausschau

listische Tätigkeitsvorausschau direkt eher negativ auf die Annahmebereitschaft wirkt. Ebenso senkt sie die Attraktivität der Stelle, was ebenfalls die Bereitschaft zur Annahme eher senkt. Einen positiven Effekt auf die Annahme hat sie aber indirekt, indem sie zu einer positiveren Beurteilung des Interviewers führt – und die Positivität der Interviewerbeurteilung geht wieder mit einer erhöhten Bereitschaft zur Annahme der Stelle einher. Durch die realistische Tätigkeitsvorausschau erhöht sich die Glaubwürdigkeit: Das Eingestehen von Nachteilen schafft Vertrauen und vermindert den Eindruck, man verfolge bei der Kommunikation nur eigennützige Ziele.

Wo Nachteile realistisch gesehen werden, ist das Risiko enttäuschter Erwartungen bereits aus logischen Gründen geringer. Zudem erzeugt die realistische Erwartung an die spätere Tätigkeit ein Gefühl der *prädiktiven Kontrolle*. Zu wissen, was auf einen zukommt, ist ein wesentliches Element einer erfolgreichen Stress-Bewältigung (Folkman & Lazarus, 1980).

Kommt es aber doch zu Konflikten, die sich aus bekannten Nachteilen ergeben, werden diese vom Mitarbeiter nicht mehr so leicht auf das Unternehmen attribuiert. Schließlich hat der Mitarbeiter die Nachteile ja vorher gekannt und hätte die Konflikte antizipieren können. Die sich hieraus ergebende kognitive Dissonanz wird allem Vermuten nach häufig durch eine Abwertung des Konfliktes bzw. des Nachteils aufgelöst (Rehn, 1993, S. 86). Außerdem lässt sich über die Kommunikation von Nachteilen auch deren Gewicht regulieren: Wird ein Nachteil angesprochen (z. B. Lage des Unternehmen in einer ansonsten strukturschwachen Region), gehen die Partner üblicherweise davon aus, dass es nicht noch viel schwerer wiegende andere Nachteile gibt, die nicht mitgeteilt werden (Felser, 2007). Besonders günstig sind Nachteile, die im Vergleich zu den Vorteilen unbedeutend und klein wirken oder Nachteile, die sich aus den Vorteilen ergeben. Ein Beispiel für das letztere wäre etwa die Forderung von einem hohen Maß an Eigeninitiative, das sich als Folge einer hohen Eigenverantwortlichkeit ergibt. Schließlich geht von einer zweiseitigen Argumentation eine Art *„Impf-Effekt“* aus: Wer auch den Nachteilen zu einem Standpunkt ausgesetzt war, ist in der Regel gegenüber diesen Nachteilen immun (Lumsdaine & Janis, 1953). Dieser Effekt gilt sogar über die kommunizierten Nachteile hinaus: Die Rezipienten einer zweiseitigen Kommunikation lassen sich auch von Nachteilen, die nicht in der ursprünglichen Kommunikation enthalten waren, weniger beeinflussen als Rezipienten einer einseitigen Kommunikation (McGuire, 1964; Tormala & Petty, 2002).

3.4.5 Gehaltsverhandlungen

Nicht denken müssen, man hätte ein besseres Ergebnis erzielen können

Aus psychologischer Sicht kommt es bei einer Verhandlung nicht so sehr darauf an, dass man ein besonders gutes Ergebnis erzielt, sondern dass man nicht denken muss, man hätte ein besseres erzielen können. Wenn zum Beispiel ein Käufer auf dem Flohmarkt für ein Aquarell von unbekannter Herkunft 150 € bietet, und der Verkäufer schlägt sofort ein, dann wird der Käufer erwarten, dass er das Bild auch günstiger hätte haben können. Unzufriedenheit ist die Folge. Ökonomisch mag es paradox erscheinen, aber die Zufriedenheit des Käufers wäre tatsächlich größer, wenn der Verkäufer zuerst mit vielleicht 200 € dagegen gehalten und erst bei 170 € eingewilligt hätte (Galinsky, Seiden, Kim & Medvec, 2002).

Aus dieser Sicht ist Verhandeln eigentlich gut. Es gibt dem Bewerber das Gefühl der Kontrolle, indem er selbst zum Ergebnis beiträgt. Wichtiger noch – und das zeigt die Unzufriedenheit damit, dass das erste Angebot sofort akzeptiert wird – ist, dass der Bewerber nicht provoziert wird, über nicht realisierte Alternativen nachzudenken.

Anker-Effekte

Oft werden Bewerber aufgefordert, eigene Gehaltsvorstellungen anzugeben. Dies mag vielleicht eine weitere Methode sein, von dem Bewerber eine Selbsteinschätzung einzuholen. Allerdings ist diese Überlegung psychologisch höchst problematisch. Zunächst einmal muss man berücksichtigen, dass Menschen numerische Urteile, also Zahlenschätzungen, nie absolut, ohne einen Referenzpunkt abgeben können. Zum Beispiel ist einem Menschen nicht möglich, ohne weitere Anhaltspunkte zu sagen, wie viel ihm ein bestimmtes Gut, etwa eine CD, wert ist. Um eine solche Frage zu beantworten, können wir nicht auf eine interne Anzeige blicken, von der wir ablesen, wie es um unsere Präferenzen steht. Statt dessen verwenden wir Anhaltspunkte von außen, sogenannte „Anker". Wir überlegen, was normalerweise eine CD kosten würde und adjustieren dann allenfalls daran, was uns im Vergleich dann diese wert ist. Aber selbst diese Adjustierung spiegelt unsere „wahren" Präferenzen noch nicht unverfälscht, denn wenn wir nun erfahren würden, dass in dem Laden, in dem wir gerade einkaufen, die Hälfte der CDs zu einem Sonderpreis verkauft werden, adjustieren wir unser Urteil ein weiteres Mal. Dass Menschen außerstande sind, zuverlässige Absoluturteile zu fällen, hat zum Beispiel Bauer (2000) experimentell gezeigt. Dies steht durchaus im Widerspruch zu vielen ökonomischen Annahmen, die in die Preisfindung einfließen, und es steht natürlich auch im Widerspruch zu der Absicht hinter der Frage nach den Gehaltsvorstellungen: Mit dieser Frage erfährt man nämlich in erster Linie, welche Anker der Kandidat verwendet – und allenfalls in zweiter Linie, nämlich vermittelt über die Wahl der Anker, was er „wert" zu sein glaubt.

Das Problem beim Ankereffekt liegt darin, dass Anker aus allen möglichen Quellen wirken, sie müssen keineswegs valide sein. Einer der klassischen ersten Nachweise des Ankereffekts zeigte, dass Menschen sich bei ihren Zahlenschätzungen sogar von den Vorgaben eines Glücksrades beeinflussen ließen (Tversky & Kahneman, 1974).

Bei der Frage nach den Gehaltsvorstellungen kann es natürlich sein, dass der Kandidat bereits konkrete Gehaltsvorstellungen hat, die er nur „abrufen" muss. Dann hat der Ankereffekt bereits zu einem früheren Zeitpunkt gewirkt, nämlich dann, als er diese Gehaltsvorstellungen gebildet hat. Hat der Kandidat noch keine Gehaltsvorstellungen, wird der Ankereffekt aktuell wirken. Der Kandidat wird nach Zahlenbeispielen suchen, die ihm sein Urteil überhaupt erst ermöglichen. Die Beispiele könnten sein früheres Gehalt sein, genauso wie das seines Schwagers oder das seines Landtagsabgeordneten, von dem er neulich in der Zeitung gelesen hat. Zufällig aufgeschnappte Zahlen können ebenso wirken, wie sinnvolle Vorgaben. Der Ankereffekt wird darin bestehen, dass die Gehaltsvorstellungen positiv mit den Ankern korrelieren: Je höher die Zahl ist, die jemand als Anker nimmt, desto höher werden auch seine Schätzungen.

Wer das erste Gebot macht, ist immer im Vorteil

Wird dann eine Zahl ins Spiel gebracht, wirkt diese Zahl als Anker für die weiteren Verhandlungen. Dies gilt übrigens auch dann, wenn der Verhandlungspartner den Ankereffekt kennt und über seine Wirkungsweise Bescheid weiß. Der Ankereffekt ist enorm stabil und lässt sich praktisch nicht unterlaufen. Auch Experten unterliegen ihm (siehe auch Felser, 2007). Aus diesem Grunde ist die Person, die das erste Angebot macht, in Verhandlungen immer im Vorteil: Das Verhandlungsergebnis korreliert stets positiv mit dem ersten Angebot (Galinsky & Mussweiler, 2001).

Wer den Bewerber den ersten Vorschlag machen lässt, überlässt diesem sämtliche Vorteile des Ankereffekts. Wenn dies nicht aus psychologischer Unbedarftheit geschieht, dann muss man hierzu entweder sehr großzügig oder ganz sicher sein, dass der Bewerber seinerseits seinen Vorteil nicht zu nutzen versteht.

3.5 Nicht nur gewinnen, sondern auch binden

Die einmal gewonnenen Mitarbeiter bleiben dem Unternehmen nicht unter Garantie erhalten. In 2.2.2 wurde zur Sicherung des personellen Nachwuchses empfohlen, bei den Mitarbeitern ein möglichst hohes Commitment zu erzeugen. Befunde zum organisationalen Commitment belegen, dass diese Strategie effektiv ist:

Farrell und Rusbult (1981) zeigten in einem Experiment, dass Commitment mit Fluktuation korrelierte. Diese Beziehung war stärker als zwischen der Zufriedenheit und der Fluktuation. Auch in Längsschnittstudien zum Fluktuationsverhalten erklärte das organisationale Commitment größere Varianzanteile als die Arbeitszufriedenheit (Six & Kleinbeck, 1989). In ihrer Metaanalyse zeigten Tett und Meyer (1993) demgegenüber, dass sowohl Commitment als auch Zufriedenheit den Fluktuationsprozess beeinflussen. So korrelierten beide mit Überlegungen, die Arbeitsstelle zu wechseln. Jedoch korrelierte die Fluktuationsabsicht mit Commitment etwas stärker als mit der Zufriedenheit. Commitment geht darüber hinaus mit geringeren Fehlzeiten und höherer Arbeitsqualität einher (Weinert, 1998).

Hohes Commitment geht nachweislich mit geringerer Fluktuation einher

Eine hohe erlebte Bindung an das Unternehmen ist nahezu uneingeschränkt positiv zu bewerten (Moser, 1998). Um so wichtiger ist es, dass die Arbeitgeber ihre Möglichkeiten ausschöpfen, dieses Commitment zu erreichen und zu stabilisieren. Möglichkeiten hierzu sollen im Folgenden diskutiert werden. Nachdem im Vorangegangenen die Attraktion der Mitarbeiter besprochen wurde, sollen hierzu zunächst die beiden anderen Faktoren der AIR-Formel von Maassen (2004; siehe Kapitel 2.2.2.), Integration und Retention diskutiert werden.

3.5.1 Integration

Mit dem Antritt einer Arbeitsstelle beginnt eine wichtige und sensible Phase der Berufstätigkeit. Die erste Zeit im Unternehmen wird von neuen Mitarbeitern oft als durchaus stresshaft erlebt. Ungelöste Konflikte während der Einarbeitungszeit gehen mit erhöhter Kündigungsbereitschaft einher. Dementsprechend ist auch die Fluktuationsrate für das erste Jahr am höchsten (zusammenfassend Rehn, 1993).

Der Antritt der Arbeitsstelle als sensible Phase

Die Eingliederung in das neue Unternehmen ist ein zentrales Ziel des Personalmarketings in dieser Phase. Fehlende Integration ist der bei weitem wichtigste Grund, aus dem heraus Mitarbeiter ein Unternehmen in den ersten drei Jahren verlassen. Daher empfiehlt Maassen (2004), die Integration möglichst frühzeitig, auf jeden Fall noch vor dem ersten Arbeitstag beginnen zu lassen. Mitarbeiter sollten sich nicht erst bei Arbeitsbeginn als Teil des Unternehmens fühlen.

Tatsächlich besteht die Eingliederung neuer Mitarbeiter gleich aus mehreren Phasen mit unterschiedlicher Bedeutung (siehe Abbildung 6). Die erste davon bezeichnet Rehn (1993, S. 78 ff.) als *antizipatorische Sozialisation*. Sie beginnt schon lange vor dem ersten Arbeitstag, ja sogar schon vor dem Bewerbungsgespräch. Die Aufgaben für das Personalmarketing bestehen in dieser Phase darin, bei den Bewerbern *realistische Erwartungen* zu wecken (Kapitel 3.4.4). und ihnen eine *hohe Wertschätzung* kommunizieren (Kapitel 3.4.3).

Spätere Maßnahmen sollten die in der Bewerbungssituation begonnene Integration dann stimmig fortführen. Als Maßnahmen zur Integration zwischen

Vertragsabschluß und erstem Arbeitstag kommen zum Beispiel die folgenden in Frage (aus Maassen, 2004, S. 89):

- Persönlicher Willkommensbrief der Führungskraft
- Regelmäßige Zusendung der Mitarbeiterzeitschrift
- Willkommens-Paket mit Informationen zum Unternehmen
- Einrichten eines Intranetzugangs
- Einladung zu Strategietreffen, Betriebsausflügen usw.
- Wenn der Mitarbeiter eigens umziehen musste: Stadtführung, Kulturführung usw.
- Regelmäßiger Stammtisch für alle „Neuen"
- Gespräch mit der Führungskraft über Einarbeitungsziele
- Kennenlernen des künftigen Paten bzw. des Mentors.

Eintritt in das Unternehmen

Mit dem ersten Arbeitstag beginnt die Phase des *Eintritts in das Unternehmen*. In dieser Phase entsteht der größte Anpassungsbedarf des neuen Mitarbeiters, und für diese Anpassungsanforderungen gewinnen Sozialbeziehungen eine herausragende Bedeutung. Je mehr befriedigende Sozialbeziehungen neue Mitarbeiter in den ersten drei Monaten eingegangen sind, desto weniger denken sie an Kündigung, desto zufriedener sind sie, und desto positiver beurteilen sie den Umgangston und die Gruppenarbeit im Unternehmen (Rehn, 1993). Über diesen direkten Effekt hinaus haben Sozialbeziehungen offenbar auch eine „Puffer-Wirkung": Üblicherweise gehören enttäuschte Erwartungen zu den stärksten Risikofaktoren bei Eingliederung neuer Mitarbeiter (Moser, 2005). Allerdings wirken Enttäuschungen deutlich schwächer auf Zufriedenheit und Kündigungsneigung, wenn die Mitarbeiter parallel dazu im Betrieb ein befriedigendes soziales Netzwerk aufbauen konnten.

Es ist also für den Betrieb von überragender Bedeutung, dass die Mitarbeiter Gelegenheit haben, im Kollegenkreis Freundschaften zu knüpfen und Beziehungen aufzubauen.

Maassen (2004) schlägt vor, Begegnungen und Erfahrungsaustausch auch in einem weiteren Sinne strategisch zu nutzen. So kann es sich als sinnvoll erweisen, in eine neue Arbeitsgruppe neben Abiturienten auch Mitarbeiter zu integrieren, die ein Studium abgebrochen haben. Der Erfahrungsaustausch dieser Personen kann dazu führen, dass Abiturienten zutreffende und nicht geschönte Erwartungen an ein Studium ausbilden. Maassen (2004) erwartet sich von dieser Gruppenzusammenstellung eine deutlich verringerte Quote an Abwanderungen von Abiturienten in ein Studium.

Paten und Metoren

Oben wurde zudem eine Integrationsmaßnahme genannt, bei der dem neuen Mitarbeiter entweder ein erfahrener Kollege als Pate oder ein Vertrauter auf der Vorgesetzten-Ebene als Mentor zur Seite gestellt wird (Rehn, 1993; Schanz, 2000). Paten haben die Aufgabe, den neuen Mitarbeiter über seinen Arbeitsplatz und über die Sozialeinrichtungen zu informieren, ihn in die

Arbeitsgruppe einzuführen und ihn bei der Einarbeitung zu unterstützen. Das bedeutet, ihn nicht nur mit den geschriebenen, sondern auch mit ungeschriebenen Gesetzen im Unternehmen vertraut zu machen. Der Pate übernimmt allerdings nicht die Aufgaben eines Vorgesetzten. Auf eine klare Trennung zwischen Vorgesetzten- und Patenaufgaben ist deshalb zu achten.

Die Aufgaben des Paten sollten sich auf die folgenden Punkte konzentrieren (Rehn, 1993, S. 89):

- Der Pate sollte dem Mitarbeiter seine Arbeitsumgebung und das Umfeld des Arbeitsplatzes vorstellen.
- Er sollte helfen, Kontakte zu Kollegen und wichtigen Partnern zu knüpfen.
- Er sollte Regeln und Normen des Unternehmens vorstellen, auch die ungeschriebenen und nur impliziten.
- Er sollte für fachliche und persönliche Probleme des Mitarbeiters ein offenes Ohr haben.

Eine Alternative zum Paten ist die Zuordnung eines Mentors, der im Gegensatz zum Paten auf einer hierarchisch höheren Ebene als der neue Mitarbeiter angesiedelt ist. Er hat die Aufgabe, den neuen Mitarbeiter zu beobachten, eine zusätzliche, unabhängige Beurteilung seines Potenzials zu geben, bei Problemen zwischen Vorgesetztem und Mitarbeiter zu vermitteln und ihm als neutraler Ansprechpartner zur Verfügung zu stehen. Aus dieser Beschreibung wird schon offenkundig, dass auch zwischen Mentor und eigentlichem Vorgesetzten ein wichtiger Unterschied besteht und der eine nicht die Aufgaben des anderen übernehmen darf.

Der erste Tag im Unternehmen

Der erste Tag im Unternehmen ist von besonderer Bedeutung. Hier bilden sich erste Eindrücke im Sinne eines „Primacy-" oder auch eines „Halo-Effekts". Typische Elemente des ersten Tages sind: „Kennenlernen der Kollegen, Gespräch mit dem Paten, Erklärung wichtiger betrieblicher Abläufe, Betriebsführung, Begrüßung durch Unternehmensleitung, Anmeldung in Systemen, gemeinsames Mittagessen, Gespräch mit der Führungskraft über Ziele in der Probezeit, Einführung in Kommunikationsinstrumente des Unternehmens" (Maassen, 2004, S. 90). Als emotional bindende Elemente des ersten Tages schlägt Zielke (2004, S. 42) vor: „Der neu eingestellte Mitarbeiter sieht bei seinem ersten Arbeitstag bereits sein Namensschild an der Tür, und auf dem Schreibtisch liegt neben einer Willkommensbroschüre ein persönlicher Brief der Vorgesetzten mit einem Stapel persönlicher Visitenkarten. Zur Begrüßung gibt es eine kleine von der Abteilung organisierte Willkommensfeier im Kollegenkreis."

Post-Entry-Interview

Als innovatives Instrument in der Integrationsphase schlägt Maassen (2004) das „Post-Entry-Interview" vor. Es soll dazu dienen, die Ergebnisse der Attraktions- und Integrationsphase zu evaluieren und die Erwartungen des Mitarbeiters für die kommende Zeit, die „Retentions-Phase" zu erfahren.

Um die Offenheit bei der Beantwortung zu steigern, kann man die Mitarbeiter gegebenenfalls auch mit einem anonymen Fragebogen befragen.

Ein bis zwei Monate nach Eintritt in das Unternehmen und deutlich vom Post-Entry-Interview abgesetzt sollte der Mitarbeiter dann das erste umfassende Mitarbeitergespräch führen. Darin sollten dann nicht nur der bisherige Prozess reflektiert und kurzfristige Ziele vereinbart werden. Gerade in dieser frühen Phase sei es sehr wichtig, dass auch langfristige Entwicklungsmöglichkeiten zur Sprache kommen (Maassen, 2004). Tatsächlich kann die Bedeutung persönlicher Ziele kaum hoch genug veranschlagt werden: Bei der Frage, ob der Mitarbeiter sich an sein Unternehmen gebunden fühlt, spielt es eine entscheidende Rolle, inwieweit er hier seine Ziele gefördert sieht (von Rosenstiel & Nerdinger, 2000).

Anpassungs-Phase

Nach dem Eintritt in das Unternehmen ist nun die nächste Phase charakterisiert durch die eigentliche *Anpassung*, also auch durch das Übernehmen der *Normen und Werte* des Unternehmens. Bei den sozialen Kontakten steht nun die Forderung im Vordergrund, sich in die Gruppe zu integrieren, deren Vertrauen zu gewinnen und seine Aufgaben darin zu erledigen. Um die Aufgaben zu erledigen, muss man sie erst einmal kennen; auch dies ist eine wichtige Aufgabe in der dritten Phase. Dabei ist nicht nur zu bedenken, was genau man zu tun hat. Mit den Aufgaben gehen auch bestimmte Rollen einher, die man unterschiedliche souverän ausfüllen kann.

Beachtung durch die Vorgesetzten

In Befragungen nennen Mitarbeiter als eines der häufigsten Defizite in der Einarbeitungszeit die „Gespräche bzw. die Zusammenarbeit mit den Vorgesetzten" (Kreß & Lünendonk, 1984, zit. n. Rehn, 1993, S. 90 f.). In der Einarbeitungszeit ist für die Mitarbeiter ein engerer Kontakt mit den Vorgesetzten wichtig. Der Wunsch nach mehr Feedback deutet auch darauf hin, dass eine erhöhte Aufmerksamkeit der Vorgesetzten auf die Arbeitsleistung des neuen Mitarbeiters nicht unbedingt als unwillkommene Kontrolle oder gar Misstrauen gedeutet wird. Im Sinne von Interesse und Wertschätzung ist die Beobachtung, oder vielleicht besser: Beachtung durch die Vorgesetzten sogar eher willkommen; neue Mitarbeiter hätten jedenfalls im Schnitt lieber mehr davon.

Einführungsveranstaltungen

Eine weitere Maßnahme zur Erleichterung der Anpassungs-Phase besteht in gezielten Einführungsveranstaltungen für Neulinge im Betrieb. Diese Veranstaltungen können zentral für eine Gruppe von neuen Mitarbeitern ausgerichtet werden. Allerdings ist zu empfehlen, sie relativ zeitnah zum Eintritt in das Unternehmen zu platzieren (Rehn, 1993), was bei einem zeitversetzten Arbeitsantritt unterschiedlicher Mitarbeiter nicht unbedingt leicht gelingt.

Ein Risiko bei solchen Einführungsveranstaltungen besteht darin, dass sie zu einer weiteren PR-Maßnahme für das Unternehmen geraten. Dies wird von den betroffenen Mitarbeitern eher kritisch gesehen, sie beklagen eine zu allgemeine und zu theoretische Unternehmenspräsentation (Rehn, 1993). Positiv wird dagegen erlebt, wenn die Einführungstage durch Repräsentanten der Geschäftsleitung mitgestaltet werden. Ebenso sollten die Einführungen als Möglichkeit genutzt werden, Kontakte zu knüpfen. Der Informationsbedarf der neuen Mitarbeiter besteht nun, nach Antritt der Stelle, nicht mehr in Wissen über das Unternehmen insgesamt, sondern eher über die Tätigkeiten und Kontakte, die auf den Mitarbeiter zukommen.

Phase	**Aufgabe des Personalmarketing**
Antizipatorische Sozialisation	– Realistische Erwartungen wecken – Wertschätzung kommunizieren
Eintritt in das Unternehmen	– den ersten Tag gestalten – Paten oder Mentor anbieten – Aufbau sozialer Beziehungen erleichtern – persönliche Ziele des Mitarbeiters kennenlernen und in die Anforderungen integrieren
Anpassung an Normen und Werte des Unternehmens	– Regeln im Unternehmen kommunizieren – Aufgaben klären – Rückmeldung durch die Vorgesetzten geben

Abbildung 8:
Phasen der Integration (angelehnt an Rehn, 1993)

3.5.2 Retention

Retention trotz Personalabbau

Die Mitarbeiter an das Unternehmen zu binden, ist sinnvoller, als bei hoher Fluktuation zu hoffen, gute Mitarbeiter durch noch bessere zu ersetzen. Selbst die Bindung von Mitarbeitern, die das Unternehmen aus wirtschaftlichen Gründen entlassen mussten, kann eine sinnvolle Strategie sein (Müller-Vorbrüggen, 2004). Solche Mitarbeiter sind erfahren, mit dem Unternehmen vertraut und eingearbeitet. Eine entsprechend positive Beziehungsgestaltung kann es dem Unternehmen erlauben, unter wirtschaftlich günstigeren Bedingungen an diese Mitarbeiter wieder heranzutreten und sie für das Unternehmen zurück zu gewinnen.

In jedem Fall ist aber der Personalabbau ein sensibles Thema, das auf die Mitarbeiterbindung wirkt – natürlich auch auf die der verbleibenden Mitarbeiter. Von großer Bedeutung ist, dass das Unternehmen glaubhaft machen kann, „dass alles getan wurde, um Entlassungen zu vermeiden“ (Zielke, 2004, S. 43). Sind sie dann aber unvermeidlich, so sollten sie human gestalten werden. So sollten die entlassenen Mitarbeiter Gelegenheit erhalten, sich in angemessener Weise von den Kollegen zu verabschieden. Noch weiter gehen etwa direkte Unterstützungsmaßnahmen durch das Unternehmen, so etwa Bewerbungstrainings durch die Personalabteilung oder die Bereitstellung von PC oder Telefon, um bei Anschluss-Bewerbungen zu helfen (Zielke, 2004, S. 43).

Passung von Maßnahmen zu den Zielen der Mitarbeiter

Bereits die vorangegangene Integrationsphase kann einen entscheidenden Beitrag zu höherem Commitment und damit höherer Retention leisten. Von größter Bedeutung sind hierbei aber die Ziele und Wertvorstellungen der Mitarbeiter. Weiterführende Analysen zeigen, dass der positive Effekt der Einarbeitungshilfen zu einem großen Teil darauf zurückgehen, dass sich die Mitarbeiter dadurch in ihren persönlichen Zielen gefördert sahen (von Rosenstiel & Nerdinger, 2000, S. 153 f.). Dies bedeutet auch, dass entsprechende Maßnahmen wirkungslos sind, wenn sie nicht zu den Zielen der Mitarbeiter passen.

Instrumente zur Mitarbeiterbindung

Als erfolgversprechende Instrumente, um eine höhere Mitarbeiterbindung zu verwirklichen, werden in Befragung unter deutschen Unternehmen zum Beispiel die folgenden genannt (Knoblauch, 2004; Müller-Vorbrüggen, 2004; Zielke, 2004):

Instrumente zur Mitarbeiterbindung

- Firmenpensionen, angemessenes Gehalt, Aktienoptionen,
- Personalentwicklung, Managementlaufbahn, Spezialistenlaufbahn, Entsendungen, Job Rotation,
- Preise für besondere Leistungen, Beobachtung der Mitarbeitermotivation, Titel,
- Freizeitangebote, Gleitzeitsystem,
- Unternehmensfeste, Jubiläen, Ausflüge, Outdoorveranstaltungen und Rituale,
- Management by Objectives, gemeinsame und gemeinsam ausgehandelte Ziele von Unternehmen und Mitarbeiter,
- Besondere Anteile an Produkten oder Dienstleistungen des Unternehmens: Möglichkeiten zum Ausprobieren, namentliche Nennung der herstellenden Teams auf dem Produkt.

Konkretere Vorschläge ergeben sich aus einer Befragung von Zielke (2004) unter amerikanischen Unternehmen: Hier wurden insgesamt 250 kostengünstige Instrumente genannt, mit denen Mitarbeiter auch in ungünstiger wirtschaftlicher Lage an das Unternehmen gebunden werden können. Auffallend ist an den amerikanischen Vorschlägen, wie tief sie in den persönlichen und privaten Bereich der Mitarbeiter hineinragen. So wird vorgeschlagen, die persönlichen Feste der Mitarbeiter, also nicht nur Firmenjubiläen, sondern auch Geburts- oder Namenstage zu feiern. Oder Mitarbeiter dürfen ausdrücklich 10 % der Arbeitszeit für private Belange verwenden. Zur Förderung der Kreativität sollen Meetings auch außerhalb der Büroatmosphäre stattfinden, oder die Mitarbeiter werden ermutigt, eine Stunde der Arbeitszeit auf reines Lesen zu verwenden.

Einbindung des privaten Bereichs

Noch deutlicher wird der Einbezug des Privaten in folgenden Beispielen (Zielke, 2004, S. 41):
- *Praktische Hilfe:* Morgens können die Mitarbeiter ihre Schmutzwäsche mitbringen, die dann ein Waschservice reinigt und am Ende des Tages wieder aushändigt; wichtige Einkäufe werden während der Arbeitszeit übernommen.
- *Familiäre Anbindung:* Familienfreundlichere Gestaltung der Arbeitszeiten bei familiären Schwierigkeiten; Blumenstrauß, Theaterkarten oder Gutscheine für die Familie oder Freunde, als Anerkennung für unterstützende Kräfte bei langen Überstunden; Erlaubnis, Kinder zum Arbeitsplatz zu bringen, solange sie nicht den Arbeitsablauf stören.

Ausdruck von Wertschätzung

Andere Maßnahmen sind insbesondere gut geeignet, eine hohe Wertschätzung des Mitarbeiters auszudrücken, etwa indem man ihm Verantwortung überträgt, ihn in die Abläufe einbezieht oder auch nur symbolisch unterstützt, wie die folgenden Beispiele zeigen (S. 41 f.):
- Bei Festen bedient das Management.
- Der Vorgesetzte nimmt vorübergehend den Arbeitsplatz des Mitarbeiters ein, um die Probleme und Aufgaben seiner Mitarbeiter besser zu verstehen.
- Manager geben in Zeiten starker Anspannung Getränke und Erfrischungen aus.
- Schriftstücke des Mitarbeiters bekommen einen Lesevermerk der nächst höheren Hierarchieebene mit einigen positiven persönlichen Anmerkungen.
- Produktionsmitarbeiter sind in wichtigen Sitzungen vertreten, die die Qualitätskontrolle, Produktivität, Investitionsvorhaben und Kundenbeziehungen zum Gegenstand haben.
- Es erfolgt ein regelmäßiger Austausch des Vorgesetzten mit seinen Mitarbeitern über Briefe und Kommentare des Kunden, die die Arbeitsqualität betreffen.
- Mitarbeiter wirken bei Kundenpräsentationen mit.
- Mitarbeiter verfügen über ein kleines Budget, das sie ohne Rücksprache für die Problemlösung des Kunden oder für die Effektivitätsverbesserung einsetzen können.

3.5.3 Steigerung der Arbeitszufriedenheit

Commitment ist in dem vorgestellten Modell (Kapitel 2.2.2; siehe Abbildung 2) ebenfalls von der Zufriedenheit der Person abhängig. Welche Merkmale nun beeinflussen die Zufriedenheit von Mitarbeitern, und wie kann man gegebenenfalls die Zufriedenheit steigern?

Das Betriebsklima wird in Befragungen als einer der wichtigsten Faktoren der Arbeitszufriedenheit angesehen. Es wird vor allem durch die sozialen Beziehungen am Arbeitsplatz geprägt, wobei zwischen horizontalen Beziehungen zu Kollegen und vertikalen Beziehungen zu Vorgesetzten unterschieden werden kann.

Soziale Faktoren

Vertrauen, das Gefühl, ernst genommen zu werden und persönliche Freiräume sind wichtige Faktoren, die die vertikalen Beziehungen positiv beeinflussen. Die Beziehungen der Mitarbeiter untereinander werden durch Teamgeist und Kooperation begünstigt. Jedoch muss hier jeder Mitarbeiter selbst dazu beitragen, ein positives Betriebsklima zu schaffen. Intrigen, Neid und Anschwärzen beim Vorgesetzten sind Faktoren eines negativen Klimas. Zur Verbesserung des Betriebsklimas eignen sich natürlich die informellen Gelegenheiten, so etwa Grillfeste, Ausflüge, Wettbewerbe oder Feiern: Geburtstage, Ein- und Ausstände, Jubiläen oder abteilungsinterne Essen, auch mit Einladung der Partner (Steiner, 2004).

Strukturelle Faktoren

Jenseits der sozialen Beziehungen wird das Betriebsklima noch durch strukturelle Bedingungen im Betrieb geprägt: Aussagen wie „Hier erfährt man ja nichts" oder „Da kannst du ewig warten, bis du bei dem einen Termin bekommst", verweisen nicht nur auf zwischenmenschliche, sondern vielleicht eher noch auf strukturelle und organisationale Probleme. Auch die Gestaltung des Arbeitsplatzes selbst, Möbel, Lage, Architektur, Ergonomie und Ausstattung, trägt zur Zufriedenheit bei (Steiner, 2004).

Zur besseren Vereinbarkeit von Berufs- und Privatleben kommen flexible Arbeitszeitregelungen, Teilzeitarbeit, Job sharing oder Telearbeit bzw. „Home Office" in Betracht (Knoblauch, 2004) und werden von den Mitarbeitern auch gewünscht (Schiedt, 2000). Die Zufriedenheit kann auch gesteigert werden durch Personalentwicklungsmaßnahmen, insbesondere wenn diese auf den individuellen Mitarbeiter zugeschnitten sind.

Weitere Unterstützungsmöglichkeiten von Seiten der Unternehmen ergeben sich, wenn der Mitarbeiter etwa eine Wohnung sucht, heiratet oder Nachwuchs bekommt. In solchen Situationen können Zuwendungen und Gesten des Arbeitsgebers besonders stark auf die Zufriedenheit wirken. Eine wachsende Bedeutung erfahren Maßnahmen wie Sportmöglichkeiten, Wellnessangebote oder Fitnesskurse, die vom Unternehmen angeboten werden. Sie sollen das Wohlbefinden steigern und Krankheitsfälle verhindern (Knoblauch, 2004).

Die Vergütung eignet sich nur bedingt zur Steigerung der Zufriedenheit (siehe auch 3.2.1). Wo sie ausschließlich den externen Anreiz darstellt, überhaupt zur Arbeit zu kommen, ist sie sicher problematisch. Entsprechend problematisch kann es auch sein, wenn Vorgesetzte durch das Setzen eines solchen Anreizes dem Mitarbeiter kommunizieren, dass sie ihn in erster Linie als durch Geld motiviert wahrnehmen. Tatsächlich spielt das Einkommen für die meisten Menschen aber nur eine nebengeordnete Rolle neben anderen Faktoren der Lebensqualität. Führungskräfte überschätzen meist die Bedeutung materieller Anreize für die Zufriedenheit ihrer Mitarbeiter (Schiedt, 2000). **Vergütung**

Sofern die Vergütung vom Mitarbeiter als Ausdruck von Wertschätzung verstanden wird, kann sie auch Personen motivieren, die an sich dem Geld eine untergeordnete Bedeutung geben. Positiv kann auch die Rückmelde-Funktion der Entlohnung eingesetzt werden: Leistungsmotivierte Mitarbeiter brauchen Rückmeldung über ihre Leistung; Rückmeldung ist ein spezifischer Anreiz, ohne den das Leistungsmotiv gar nicht erst angeregt wird (z. B. Puca & Langes, 2002). Die Rückmeldefunktion kann vom Vergütungssystem übernommen werden, sie wird freilich auch und besser noch erfüllt durch einen Vorgesetzten, der sich für die Arbeit der Mitarbeiter interessiert und gute Leistungen auch bemerkt.

Als Instrument für Schuldenfreiheit, Wohlstand oder hohen Status ist Geld nur für ausgewählte Personengruppen attraktiv. So können zum Beispiel Kahnt, Domogalla, Jonas, Frey und Poech (2004) zeigen, dass die Entlohnung nur für Personen mit sehr niedrigem oder mit sehr hohem Einkommen eine motivierende Wirkung hat. Man kann vermuten, dass dies für die beiden Gruppen unterschiedliche Gründe hat. Bei niedrigem Einkommen (in der Untersuchung bis 10.000 € pro Jahr) mag noch ökonomischer Druck das Geld zu einer wichtigen Sache machen. In der Gruppe mit höherem Einkommen (über 50.000 € pro Jahr) dürften selektiv Personen überrepräsentiert sein, die diese Einkommenskategorie mit dem Ziel der Statusverbesserung aktiv angestrebt haben, die also eine entsprechende Einstellung haben. In mittleren Einkommenskategorien sind nicht monetäre Anreize relativ zum Geld wichtiger.

Eine Quelle der Zufriedenheit könnten möglicherweise flexible Entlohnungssysteme sein, etwa eine Vergütung nach dem Cafeteria-Prinzip: Die Beschäftigten wählen selbst, welches Element der Vergütung sie haben wollen. Eine der Wahloptionen könnte dann aber auch als Alternative zum Geld Freizeit sein.

Eine Mindestanforderung an ein Vergütungssystem ist, dass es als nachvollziehbar und gerecht empfunden wird. Hier wirkt die Vergütung auf die Zufriedenheit allerdings nur im Sinne eines Hygiene-Faktors: Ein ungerechtes System erzeugt Unzufriedenheit, ein gerechtes macht darum aber nicht unbedingt zufrieden.

4 Vorgehen und Probleme

Im Folgenden werden Punkte angesprochen, die für das Personalmarketing eine besondere Herausforderung darstellen.

4.1 Image-Pflege des Unternehmens

Reaktionen auf Schädigung des Unternehmensimages

Wenn das Unternehmensimage nach außen nicht den Zielvorstellungen entspricht, wenn beispielsweise eine schlechte Presse oder gar ein „Skandal" das Image untergräbt (siehe das Beispiel der Discounter in Kapitel 4.1.5), sind stärkere Maßnahmen zur Image-Pflege des Unternehmens erforderlich. Avery und McKay (2006) diskutieren hier Methoden zur Image-Pflege von Unternehmen, die ihren Ruf gegenüber weiblichen Mitarbeitern und nationalen Minderheiten verbessern wollen. Die Strategien lassen sich leicht auf andere Kommunikationsabsichten verallgemeinern.

4.1.1 Anpassung an die Zielgruppe

Auf die Zielgruppe eingehen

Avery und McKay (2006) verwenden hier den englischen Begriff *Ingratiation*, der auch mit *Anbiederung* und *Einschmeicheln* übersetzt werden kann. Dies deutet gleich auf mögliche Gefahren der Strategie: Erfolg verspricht sie nur dann, wenn sie nicht als strategischer Beeinflussungsversuch ohne innere Überzeugung wahrgenommen wird. Daher meint der Begriff in erster Linie das bewusste und sichtbare Eingehen des Werbers auf die Zielgruppe. Dies kann geschehen, wenn der Werber Sprache und Jargon der Zielgruppe benutzt. Zur Strategie kann aber auch gehören, dass sich das Unternehmen bewusst vom „Mainstream" zu Gunsten der Zielgruppe abgrenzt, etwa wenn der Werber ausschließlich in Medien präsent ist, die nur von Senioren, von Frauen oder von einer bestimmten Minderheiten-Gruppe rezipiert werden. In einem solchen Fall kann der Werber seiner Zielgruppe durch das Medium Wertschätzung kommunizieren („the placement of such ads likely will be interpreted as a signal that the organization values members of the targeted group", Avery & McKay, 2006, S. 166).

Angehörige von Minderheiten (z. B. Homosexuelle, Farbige) zeigen sich in Studien als sehr sensibel gegenüber Signalen, die Marketing-Aktivitäten speziell für ihre Zielgruppe anzeigen. Solche Signale werden demgegenüber von Außenstehenden, die nicht zu der Minderheit gehören, oft gar nicht erkannt (Grier & Brumbaugh, 1999).

In der gleichen Weise wirken Rekrutierungs-Bemühungen, die sich gezielt auf Lokalitäten konzentrieren, wo die entsprechende Zielgruppe anzutreffen ist. Zum Beispiel würde eine Veranstaltung oder ein Messeauftritt in einer Umgebung, in der vor allem Frauen zu erwarten sind (z. B. Mädchen-

Gymnasium) viel deutlicher kommunizieren, dass das Unternehmen die entsprechende Zielgruppe für interessant hält, als entsprechende Bekenntnisse in breit gestreuten Anzeigen.

4.1.2 Hervorkehren gelungener Personalpolitik

PR mit erfolgreichen Maßnahmen

Eine gute und gelungene Personalpolitik sollte man auch belegen können. Besonders komfortabel sind hierbei natürlich Preise oder Auszeichnungen für die Personalarbeit. Aber auch nicht eigens prämierte Maßnahmen, etwa Mentoren-Programme für neu hinzugekommene Mitarbeiter, können natürlich hervorgehoben und betont werden. Einer der wichtigsten Faktoren bei der Öffentlichkeitsarbeit bleibt die Mundpropaganda durch die Angehörigen des Betriebs. Auch wenn über diesen Weg nicht unbedingt viele Personen erreicht werden, ist die direkte Kommunikation mit Betriebsangehörigen ein wichtiger Faktor in der Entscheidung der Bewerber. Mitarbeiter sollten daher ermutigt werden, Informationen und positive Entwicklungen im Betrieb nach außen zu tragen.

4.1.3 Beispielhafte Aktionen

Die positive Selbstdarstellung durch Pressemitteilungen und vor allem Sponsoring-Aktivitäten führen nicht nur zu einer positiveren Bewertung des Unternehmens in den Augen der Bewerber, sondern in der Folge auch zu höher qualifizieren und attraktiveren Bewerbern. Es besteht ein direkter Zusammenhang zwischen Rekrutierungspraktiken wie etwa Sponsoring und der Qualität des Bewerberpools (Collins & Stevens, 2002; Collins & Han, 2004, beide zit. n. Avery & McKay, 2006).

Fallbeispiel

Interessanter vielleicht als Sponsoring sind Aktionen, die nicht nur als gemeinnützig oder gar moralisch gelten können, sondern die zudem auch noch der Personalsituation unmittelbar nützen. In diesem Sinne wirkte zum Beispiel das Projekt 5.000 × 5.000 von *Volkswagen*, die im Jahre 2001 Mitarbeiter für die Herstellung für *Touran* und *Microbus* rekrutierte und dabei ausschließlich arbeitslose oder von Arbeitslosigkeit bedrohte Bewerber ansprach. Die Bewerber mussten über keinerlei Vorerfahrung im Automobilbau verfügen. Um die rund 5.000 Stellen bewarben sich fast 48.000 Personen und registrierten sich für das Auswahlverfahren. In einer ersten Stufe nahmen sie online an verschiedenen Testverfahren teil und bearbeiteten Personalfragebögen. Diese erste Selektion verringerte den Bewerberpool auf etwas über 20.000 Bewerber. Weitere Schritte fanden dann vor Ort statt. Da die Bewerber in aller Regel nicht für den Automobilbereich einschlägig qualifiziert waren, konzentrierten sich die diagnostischen Schritte in der Personalauswahl auf Merkmale der allgemeinen Intelligenz, technisches Grundverständnis, aber auch die Bereitschaft Neues zu lernen oder Erfahrungen aus vergleichbaren Tätigkeiten (Schuler & Brandenburg, 2003).

4.1.4 Abhängigkeit hervorkehren

Der Betrieb funktioniert nur durch seine Mitarbeiter

Die deutliche Botschaft, dass der Betrieb nur durch die Mitarbeiter funktioniert, dass er auf sie angewiesen und von ihnen abhängig ist, kann Mitarbeiter und potenzielle Bewerber aufwerten. Die US-Armee hat über lange Zeiten relativ erfolgreich mit dem Slogan „I want you" Freiwillige eingeworben. Speziell auf die bisher vernachlässigten Zielgruppen (Frauen, Ausländer) wirkt diese Botschaft, insbesondere das offenherzige Eingeständnis, dass die Betriebe auf Bewerbungen aus dieser Gruppe angewiesen sind, voraussichtlich stark motivierend (Avery & McKay, 2006).

4.1.5 Negativ-Images abwehren

defensive Strategien

Ereignisse und Nachrichten, die dem Unternehmen schaden, erfordern defensive Strategien. Von diesen ist die voraussichtlich am wenigsten wirksame die Leugnung. In aller Regel ist das Eingeständnis von Mängeln und Fehlern eine gute Basis für ein künftiges glaubwürdiges Image. Entschuldigungen und Erklärungen wirken kurzfristig positiv. Langfristig helfen verstärkte Anstrengungen, vor allem im sozialen Bereich. So konnte zum Beispiel das Unternehmen *Denny's*, nachdem es eine umfangreiche Klage überstehen musste, sein angeschlagenes Image durch eine Generalüberholung seiner Trainingsprogramme wieder deutlich verbessern. Mit ähnlichem Erfolg hat die US-Navy nach einem Skandal wegen sexueller Belästigung sichtbare, verstärkte Anstrengungen hin zu größerer Gleichberechtigung der Geschlechter übernommen.

Es ist vielleicht nicht überflüssig zu betonen, dass nicht jede Strategie von jedem Unternehmen verwendet werden kann. Entscheidend ist, welches Image das Unternehmen bereits genießt. Das Image kann geprägt werden durch ein ganzes Spektrum von Randbedingungen, an dessen einem Ende Preise und Auszeichnungen für gute und gelungene Personalarbeit stehen können, dessen anderes Ende aber womöglich Prozesse und Skandale wegen Ausbeutung der Mitarbeiter (siehe Fallbeispiel) oder sexueller Belästigung am Arbeitsplatz enthalten kann. Keiner dieser denkbaren Situationen sollte das Unternehmen aber passiv begegnen.

Die Wirksamkeit der Strategien sind ebenfalls davon abhängig, wie die potenziellen Bewerber die jeweilige Initiative attribuieren, welche Motive sie dabei den handelnden Unternehmen unterstellen (Avery & McKay, 2006). Bei einer zynischen Sicht auf die Dinge, der zufolge ein Unternehmen nur aus eigennützigen und materiellen Gründen handelt und jedes Interesse an seinen Mitarbeitern nur heuchelt, steht es schlecht um die Erfolgsaussichten gut gemeinter Initiativen. Eine solche Attribution kann das Unternehmen nur schwer durch Maßnahmen unterlaufen, die in den Augen der Außenstehenden stark kontrolliert und strategisch eingesetzt werden. Hier müssen informelle Kommunikationskanäle genutzt werden: Das Zeugnis der Mitarbeiter ist hier besser als das Zeugnis der Geschäftsleitung, das alltägliche Handeln ist wichtiger als Sonderaktionen, und eine Nebenbemerkung oder gar ein Versprecher auf einem öffentlichen Auftritt wirkt glaubwürdiger als eine vorbereitete Rede.

Fallbeispiel und theoretische Anwendung

Im Dezember 2004 hat die Gewerkschaft ver.di in einer Veröffentlichung die Personalpolitik der Discounter, vor allem der *Lidl*-Kette angeprangert. Dabei geht es um Verstöße gegen den Arbeits- und Gesundheitsschutz, schlechte Bezahlung, unwürdige Kontrollen und vor allem um die Behinderung von Betriebsratswahlen. Im März 2008 fand die Nachricht, *Lidl* spioniere seine Mitarbeiter aus, ein breites Presseecho. Im November 2005 erklärte das Düsseldorfer Landesarbeitsgericht eine Unternehmensrichtlinie von *Wal-Mart* für rechtswidrig, die Mitarbeitern Liebesbeziehungen untereinander verbot. Von der amerikanischen Heimat des Unternehmens aus wird eine regelrechte „hate site" im Internet gepflegt (http://walmartsucksorg.blogspot.com/), in der vor allem *Wal-Mart*-Mitarbeiter zu Wort kommen und den teilweise skandalösen Umgang des Unternehmens mit den Mitarbeitern anprangern. *Aldi Süd* bleibt weiterhin betriebsratsfreie Zone, nachdem 2004 eine Initiative verschiedener Münchner Filialen ins Leere lief, da die eingeladenen Mitarbeiter vor der Betriebsversammlung in intensiven Einzelgesprächen mit den Chefs eines besseren belehrt wurden. Der Drogerie-Discounter *Schlecker* war schon wesentlich früher wegen seiner Personalpolitik ins Gerede gekommen, nachdem sich dort Angestellte den ungewöhnlich häufig stattfindenden Überfällen auf *Schlecker*-Filialen (angeblich wird täglich irgendwo in Deutschland eine Filiale überfallen) aus Mangel an Sicherheitsvorkehrungen schutzlos ausgeliefert fühlten (Rohwetter, 2005).

Offenbar haben die Discounter in Deutschland als Arbeitgeber einen schlechten Ruf. Um hochwertiges Personal zu erhalten, ist diese Ausgangslage denkbar schlecht. Trotzdem müssen die Skandale und schlechten Nachrichten über einzelne Discounter nicht unbedingt jeden anderen Discounter gleichermaßen abwerten. Vielmehr kann es hierbei zu einem zunächst paradox erscheinenden Effekt kommen: Discounter insgesamt büßen an Reputation ein, einzelne nicht betroffene Discounter profitieren aber möglicherweise von den Skandalen der anderen und werden sogar aufgewertet. Entsprechende Effekte wurden etwa im Bereich politischer Skandale nachgewiesen: Wenn Nachrichten über korrupte Politiker die Medien beherrschen, fällt das Urteil der Bürger über ihre Volksvertreter pauschal deutlich negativer aus als in ruhigeren Zeiten. Skandale um einzelne „schwarze Schafe" werfen ihre Schatten auf die gesamte Politiker-Klasse. Wird aber nicht ein Urteil über alle Politiker, sondern über einzelne Personen verlangt, dann verringert sich der negative Effekt deutlich. Es kommt sogar vor, dass einzelne Politiker sozusagen im Kontrast zu den schwarzen Schafen gesehen und damit deutlich positiver wahrgenommen werden, als ohne den Skandal zu erwarten wäre (z. B. Schwarz & Bless, 1992). Um von diesem Effekt zu profitieren, muss man folgende Regel beherzigen: „Gib dem außenstehenden Betrachter möglichst wenig an die Hand, um dich in die selbe Kategorie einzuordnen wie die betroffenen Exemplare" (siehe Bless, Igou, Schwarz & Wänke, 2000). Jeder Discounter, über den Außenstehende wenig mehr wissen und denken, als eben nur, dass er ein Discounter ist, wird auch genauso geringes Ansehen als Arbeitgeber haben wie *Aldi*, *Lidl*, *Schlecker* oder *Wal-Mart*. Von dem geringen Ansehen der anderen profitieren kann demgegenüber ein Discounter, sofern er in der Außenwahrnehmung nicht auf seine Kategorienzugehörigkeit reduziert wird, sofern er also als individuell und allein stehend wahrgenommen wird.

4.2 Hochschulkontakte

beschaffungs-, technologie- und wissensorientierte Hochschulkontakte

Um potenzielle Bewerber gerade aus dem hochqualifizierten Bereich frühzeitig anzusprechen, pflegen Unternehmen Kontakte zu Hochschulen. Nicht alle diese Kontakte müssen dabei der Personalbeschaffung dienen. So kann man neben den beschaffungsorientierten auch technologie- und wissensorientierte Kontakte unterscheiden (Ahlers, 1994).

Technologieorientierte Kontakte zielen auf technische Lösungen aus Forschung und Entwicklung für die Praxis. Wissensorientierte Kontakte zielen darauf ab, Ergebnisse des wissenschaftlichen Fortschritts auf die betriebliche Anwendung zu übertragen und für Problemlösungen nutzbar zu machen.

Viele der praktisch möglichen Maßnahmen können mehrere Funktionen gleichzeitig erfüllen. Insbesondere sind hier Praktikumsstellen und die Vergabe von Diplomarbeitsthemen zu nennen: Beides kann neben der Personalbeschaffung auch zum Technologie- und Wissenstransfer genutzt werden. Andere Möglichkeiten des Hochschulkontakts bieten etwa Sponsoring, Informationsveranstaltungen oder Gastvorträge.

Steiner (2004) entwickelt in Anlehnung an Ahlers (1994) ein Stufenkonzept für effiziente Hochschulkontakte (siehe Abbildung 9), an dem wir uns im Folgenden orientieren.

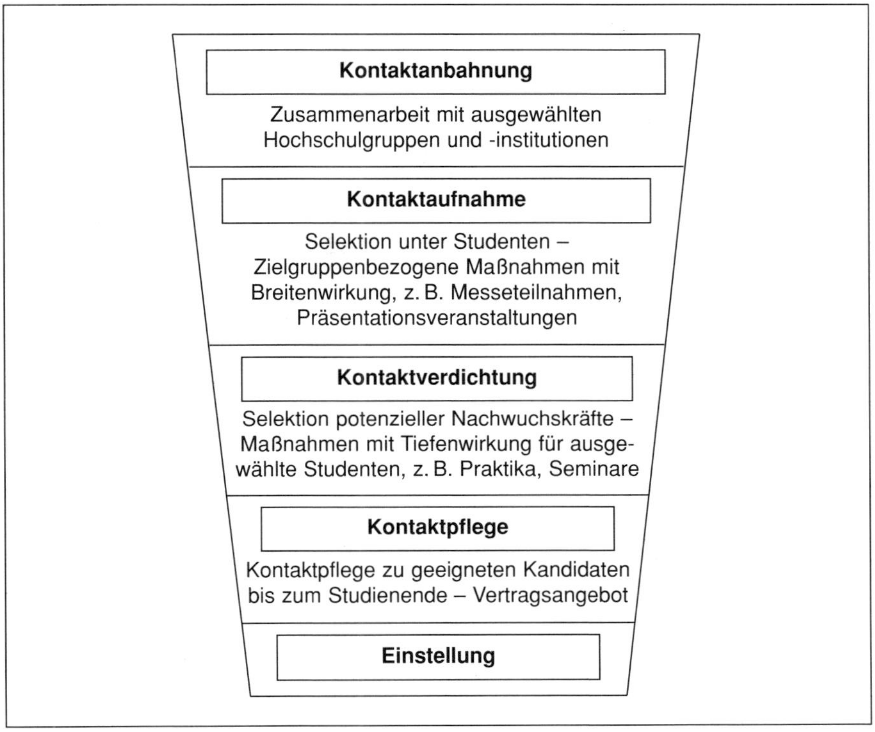

Abbildung 9:
Stufenkonzept zur Kontaktaufnahme und -intensivierung bei Hochschulkontakten
(Steiner, 2004, S. 32; in Anlehnung an Ahlers, 1994, S. 208)

4.2.1 Kontaktanbahnung

Eine breite und undifferenzierte Ansprache ist wenig zielführend. Kriterien für die Auswahl von anzusprechenden Hochschulen sind sicher das Renommee der Hochschule und deren Hochschullehrer, aber auch persönliche Kontakte der Unternehmensangehörigen aus ihrer eigenen Studienzeit.

regionaler Bezug zwischen Hochschule und Unternehmen

Eine besondere Bedeutung hat häufig der regionale Bezug zwischen Hochschule und Unternehmen. Zum einen sichert die Zusammenarbeit mit der „Hochschule vor Ort“, dass das Unternehmen unter den Studierenden bekannt ist. Zum anderen ist aber auch die zielgruppenspezifische Mobilität zu bedenken. So zeigte sich beispielsweise in der Vergangenheit, dass technische Nachwuchskräfte eine geringere Bereitschaft zum Wohnortswechsel mitbringen als etwa der Nachwuchs in wirtschaftlichen Fächern (Ahlers, 1994). Solche Grundhaltungen machen es – je nach Branche – für ein Unternehmen besonders wichtig, mit einer lokalen Hochschule zusammenzuarbeiten.

Als Kontaktmittler an der Hochschule kommen zum einen die Lehrenden zum anderen aber auch Initiativgruppen der Studierenden in Frage.

Unterstützung von Forschung und Lehre

Eine kontinuierliche Zusammenarbeit mit den Lehrenden besteht meistens darin, dass das Unternehmen Forschung oder Lehre an der Hochschule unterstützt. Die Möglichkeiten hierzu sind vielfältig: Besonders nahe liegt natürlich die Beschäftigung von Praktikanten. Mehr auf die Lehrenden bezogen sind dagegen Sachspenden (z. B. technische Geräte), Nutzungsrechte (z. B. die Möglichkeit, Labore des Unternehmens für Forschungszwecke zu nutzen) und vor allem Forschungsaufträge der Unternehmen. Zudem können die Unternehmen durch Vorträge oder Lehraufträge an den Hochschulen präsent sein. Noch stärkere Bindungen über diese Schiene erreichen Unternehmen ggf. mit Sommerakademien oder Corporate Universities (z. B. von *DaimlerChrysler, Deutsche Lufthansa, Deutsche Bank, SAP*; Führing, 2002, S. 53).

Studentische Initiativgruppen sind aus zweierlei Gründen für Unternehmen interessant. Zum einen sind sie die selbstberufenen Vermittler zwischen Unternehmen und Studierenden, zum anderen treffen aber die Unternehmen in diesen Gruppen verstärkt besonders engagierte und karriereorientierte Studierende an. Ein Beispiel für Ingenieure und Naturwissenschaftler ist die Studentenintiative Bonding *(http://www.bonding.de/web/web.nsf)*. Diese Initiative ist an elf Hochschulen in ganz Deutschland vertreten (Stand Okt. 2009). Zu ihrem Förderkreis zählen namhafte Firmen wie *Henkel, DaimlerChrysler, IBM, Audi, Bosch* und *Opel*.

4.2.2 Kontaktaufnahme

Selektion bei der Kontaktaufnahme

Wenn Bewerber mit Unternehmen in Kontakt treten, setzt im Grunde bereits ein erster Selektionsschritt an. Es ist niemandem damit gedient, wenn das Unternehmen in den Augen der Bewerber zwar sehr attraktiv ist, in Folge dessen aber viele ungeeignete Bewerber den Kontakt suchen. Daher ist es im beiderseitigen Interesse, wenn das Unternehmen bereits auf der Ebene der ersten Kontakte auf eine Selektion der geeigneten Bewerber achtet. Dies kann in Form von passiver wie aktiver Selektion geschehen (vgl. Ahlers, 1994): Ein Beispiel für aktive Selektion ist etwa ein Gespräch, das ein Vertreter des Unternehmens auf einer Messe mit einer interessierten Studentin führt. Hat er einen positiven Eindruck, ermuntert er sie daraufhin vielleicht zu einer Bewerbung oder bietet ihr einen Praktikumsplatz an.

Die passive Selektion nutzt die Tatsache, dass die Gruppe der Interessierten selbst bereits eine Vorauswahl darstellt. Es interessieren und bewerben sich ja nur solche Personen, die von den Anforderungen des Unternehmens auch entsprechend motiviert wurden und sich selbst für geeignet halten. Diese Voraussetzungen auf Seiten der Bewerber kann das Unternehmen aber selbst steuern, indem es deutlich kommuniziert, für wen es interessant ist und welche Voraussetzungen ein Bewerber erfüllen muss. Führt man diesen Gedanken weiter, können auch Instrumente der Personalauswahl Funktionen des Personalmarketing übernehmen (siehe hierzu Kapitel 4.3).

4.2.3 Kontaktverdichtung

Praktika und Abschlussarbeiten

Der angeknüpfte Kontakt konkretisiert und verdichtet sich dann, wenn die potenziellen Mitarbeiter Praktika antreten, Stellen als Werkstudenten übernehmen oder vom Unternehmen vergebene Themen für Abschlussarbeiten bearbeiten. Hier ist es günstig, den Semester-Rhythmus zu berücksichtigen: Praktikanten-Stellen, die am Anfang eines Semesters ausgeschrieben werden, dürften über längere Zeit unbesetzt bleiben.

Praktika erlauben ein umfassendes gegenseitiges Kennenlernen. Dies gelingt freilich nur, wenn die Aufgaben im Praktikum auch die Fähigkeiten fordern, auf die das Unternehmen Wert legt. Das gilt für Abschlussarbeiten nur bedingt, immerhin werden die nicht unbedingt vor Ort im Unternehmen geschrieben. Allerdings hat diese Form der Kontaktverdichtung den Vorteil, dass mit der Abschlussarbeit in den meisten Fällen das Studium auch abgeschlossen ist. Eine längere Überbrückungszeit zur Kontaktpflege ist daher nicht zu erwarten – im Unterschied zu Praktika, an die sich oft noch eine Präsenzeit an der Hochschule anschließt.

Studierende unterschiedlicher Fächer unterscheiden sich vermutlich in ihrer Bereitschaft, diese Möglichkeiten zum Unternehmenskontakt zu nutzen. So fand etwa Watzka (2003) in einer explorativen Studie unter Technik-Studierenden eine deutlich höhere Bereitschaft zur Nutzung von Praktika und Diplomarbeits-Projekten als beim kaufmännischen Nachwuchs. Neben den Praktika können die Unternehmen aber auch öffentlichkeitswirksam Stipendien ausschreiben oder besonders herausragende Studierende (z. B. deren Examensarbeiten) auszeichnen (Führing, 2002).

Eine weitere originelle Maßnahme zur Kontaktverdichtung stellt Maassen (2004) mit dem Verfahren „Jobdate in der Chefetage“ vor: Dies ist ein Ansatz der *HypoVereinsbank*, bei dem interessierte Studierende einen Tag mit einer Führungskraft aus dem Top-Management der Bank verbringen können. „Jobdate richtet sich besonders an jene Absolventen, die „wissen, wo sie hinwollen, aber nicht wissen, wo das ist“ (S. 86). Die Studierenden und Absolventen erhalten so einen besonders authentischen Einblick in den

Arbeitsalltag, die Anforderungen, aber auch die Entwicklungsmöglichkeiten im Unternehmen. Die Führungskräfte erhalten ihrerseits einen Einblick in den aktuellen Arbeitmarkt und kommen mit den Studierenden ins Gespräch. Die Jobdates werden auf der Webseite ausgeschrieben. Die Bewerbung sollte neben dem Lebenslauf noch Antworten auf die folgenden Fragen enthalten: „Warum wollen Sie Frau X treffen? Und: Was können Sie in Ihr Jobdate einbringen?“ (S. 87).

4.2.4 Kontaktpflege

Praktikanten-Bindungsprogramme

Ein beliebtes Mittel der Kontaktpflege sind Praktikanten-Bindungsprogramme. Voraussetzung hierfür ist eine erfolgreiche Kontaktanbahnung, so dass sich hinreichend viele Studierende bewerben. Die Praktikanten werden dann nach Unterlagen und Vorstellungsgespräch ausgesucht. Ihnen wird ein persönlicher Betreuer zur Seite gestellt, der sich um eine schnelle Einarbeitung und Unterstützung des jeweiligen Mitarbeiters bemüht und der die Praktikanten nach dem Praktikum einschätzen wird. Die Aufgaben des Praktikanten sollten inhaltlich breit gefächert und auch herausfordernd sein – nur so lassen sich für den Betreuer Rückschlüsse auf Motivation und Leistungsfähigkeit ziehen und nur so lernt auch der Praktikant das Unternehmen und die darin geforderten Leistungen kennen. Aber nicht nur die alltägliche Arbeit ist wichtig: Die Praktikanten werden zu allen Firmenveranstaltungen eingeladen, seien sie formell oder informell. Zudem kann das Unternehmen einen regelmäßigen „Praktikanten- und Diplomandentag“ einrichten, an dem die potenziellen Mitarbeiter eine gemeinsame Veranstaltung in dem Unternehmen durchleben (Watzka, 2003).

Nach Abschluss des Praktikums werden jene Praktikanten, die positiv aufgefallen sind, in eine Datenbank aufgenommen. Zu einem positiven Eindruck gehören übrigens dabei nicht allein die Bewährung im Praktikum sondern durchaus auch gute Studienleistungen. An die Kandidatinnen und Kandidaten in der Datenbank richtet sich das weitere Förderprogramm. Diese Förderung kann zum Beispiel die Teilnahme an Seminaren und firmeneigenen Veranstaltungen umfassen. Besonders interessant ist für die Beteiligten meist die Option, ein Auslands-Praktikum an einem der internationalen Unternehmens-Standorte zu absolvieren. Natürlich ist auch die Option auf eine Diplomarbeit in Abstimmung mit dem Betrieb und einem hochschulexternen Betreuer eine mögliche Form der Förderung. Neben der Förderung wird auch auf anderen Ebenen der Kontakt zu den ehemaligen Praktikanten gepflegt: Sie werden weiterhin zu Veranstaltungen eingeladen oder erhalten aktuelle Informationen zu dem Unternehmen, etwa Newsletter, Geschäftsberichte oder Pressemitteilungen (z. B. Becker, 2004). Weitere Möglichkeiten zur Bewerberbindung sind z. B. sporadische Telefonkontakte, Interaktion auf der Homepage, individuelle Korrespondenz auf dem Postweg, per E-Mail oder SMS bis hin zu Weihnachts- oder Geburtstagskarten (Steiner, 2004). Geht dann das Studium der Kandidaten auf den Abschluss zu, werden sie gebeten, ihre Bewerbungsunterlagen einzureichen.

Ziel dieser Maßnahmen ist, das Commitment der potenziellen Bewerber an das Unternehmen zu erhöhen. *Affektives Commitment* wird vor allem am Anfang aufgebaut. Der Student wird eingebunden und erlebt sich als Mitglied einer Gruppe. Eine Einbindung erreicht man aber auch später noch, etwa indem man bestimmten Kandidatinnen oder Kandidaten über Passwörter einen exklusiven Zugang zu bestimmten Bereichen auf der Webseite des Unternehmens gibt.

Die sichtbaren Investitionen des Unternehmens in seine Praktikanten in Form von Auslandpraktika, Seminaren oder den Besuch von Messen schafft überdies ein *normatives Commitment*. Das Unternehmen leistet materielle und ideelle Unterstützung. Der Student fühlt sich daraufhin auch moralisch zur Loyalität verpflichtet.

Die Kandidatinnen und Kandidaten sind sich ihres Status' als „förderungswürdige Mitarbeiter" durchaus bewusst. Diesen Status haben sie in der Regel bei anderen Unternehmen nicht, sie würden ihn also aufgeben, wenn sie sich an anderer Stelle bewerben.

Praxisbeispiele

Das Studentenbindungsprogramm „Students@Bosch" der *Robert Bosch GmbH* richtet sich an Studenten, die während ihrer Tätigkeit im Rahmen eines Praktikums oder Praxisstudententätigkeit durch hohe Leistungen und überdurchschnittliches Engagement aufgefallen sind. Diese Studenten werden im Rahmen dieses Programms über die eigentliche Tätigkeit im Unternehmen hinaus betreut. Die gezielte Information mittels Newsletter, Einladungen zu Standortveranstaltungen, eine persönliche Begleitung von *Bosch*-Mitarbeitern aus Personal- und Fachbereichen sowie das Aufzeigen von weiteren Folgetätigkeiten sind zentrale Bestandteile dieses Programms (Steiner, 2004).

DaimlerChrysler bietet ebenfalls gleich mehrere Förderprogramme an, so etwa ein spezielles Programm zur Förderung von Auslands-Kompetenzen bei besonders erfolgreichen Praktikanten oder eine über das Praktikum hinausgehende Betreuung vielversprechender Kandidaten. Das erstere Programm *DC Exact* (für *DaimlerChrysler* Experience Abroad as a Chance for Talents) setzt voraus, dass die oder der Studierende bereits ein vorausgehendes Praktikum erfolgreich absolviert hat und ist so gesehen besonders gut geeignet für Studierende, deren Studium ohnehin mehrere Praktika vorsieht. Das Angebot umfasst Unterstützung bei der Vermittlung eines internationalen Praxiseinsatzes im Konzern, Förderung und Qualifizierung der Teilnehmer, interkulturelle Sensibilisierung sowie administrative und finanzielle Unterstützung (Visum, Vertrag, Vergütung etc.). Hierzu berichtet ein betroffener Praktikant: „Neben der Vermittlung ist für den Praktikanten das Schöne an diesem Programm, dass die Zentrale in Stuttgart das Gehalt des Praktikanten übernimmt (in China sind das immerhin mit Asien-Zuschlag ca. 750,– €) und die Auslandsgesellschaft zusätzlich eine Wohnung stellt. Für die Auslandsgesellschaft ergibt sich durch die Übernahme des Praktikantengehalts durch die Zentrale eine finanzielle Entlastung. Daneben gilt der Vorschlag für ein EXACT-Praktikum als Nachweis darüber, dass der Kandidat von der Zentrale als geeignet angesehen wird, damit entfällt in der Regel ein Vorstellungsgespräch am potenziellen Einsatzort, was ja in der Praxis auch angesichts der großen Entfernungen oftmals schwer zu realisieren wäre." (persönliche Mitteilung eines Praktikanten, 21. 1. 2006).

Die oben angesprochene Hochschulbetreuung ist im Fall von *DaimlerChrysler* auf eine Zusammenarbeit mit der Fachhochschule Mannheim beschränkt. Voraussetzung ist über das Studium an der FH Mannheim hinaus ein erklärtes Interesse, später im Werk Mannheim zu arbeiten, ein überdurchschnittliches Vordiplom und ein Engagement über das Studium hinaus. Studierenden, die diese Bedingungen erfüllen, bietet das Programm

- schon während des Studiums Praxiserfahrung im Unternehmen
- aktive Mitarbeit am Tagesgeschäft und in Projektaufgaben
- Praxissemester, Studien- und Diplomarbeiten
- Beratung und Begleitung durch einen persönlichen Mentor
- Seminare zur persönlichen und beruflichen Weiterentwicklung
- eine monatlichen Vergütung
- umfassende Beratung und Unterstützung zum Berufseinstieg (siehe *http://career.daimlerchrysler.de/dc/wms/dc/index.php?re_gion=1&ci=11409&language=1*; Abruf 26. 2. 2006; 9:36).

4.3 Personalauswahl als Element des Personalmarketing

Häufig müssen aus den Bewerbern um eine Stelle mit relativ komplexen Verfahren die geeigneten ausgewählt werden. So werden zum Beispiel Anwärter für die Ausbildung zum Piloten oder Fluglotsen im Deutschen Zentrum für Luft- und Raumfahrt (DLR) mit Hilfe einer umfangreichen diagnostischen Testbatterie ausgewählt. Wo solche Diagnostik zum Einsatz kommt, entwickelt sich meist parallel ein Markt für das Testcoaching, in dem die Bewerber auf die Testsituation anhand realistischer Übungsaufgaben vorbereitet werden. Hierauf können die Unternehmen unterschiedlich reagieren. Eine der Reaktionsweisen scheint aber besonders interessant zu sein, läuft sie doch darauf hinaus, dass das Instrument der Personalauswahl in den Dienst des Personalmarketings gestellt wird.

Auswahlverfahren im Internet

Als erfolgreiche Pionierversuche in diesem Sinne können das Online-Spiel „Challenge unlimited“ von *Siemens* (Wild, de la Fontaine & Schafsteller, 2001; Fallbeispiel siehe unten) oder das Auswahlverfahren von *VW* im Projekt 5.000 × 5.000 gelten (siehe Kapitel 4.1.3, Schuler & Brandenburg, 2003; als weiteres Beispiel siehe etwa das Verfahren der *Hoffmann-La Roche AG*, dargestellt in H. Steiner, 2004). Seit Jahren bietet auch das DLR seinen Bewerbern die Möglichkeit, die computergestützten Tests im Internet kennenzulernen und sich daran zu üben. Ähnliche Überlegungen werden auch von den Hochschulen angestellt, wenn sie von ihrer Möglichkeit Gebrauch machen, ihre Studierenden selbst auszuwählen. So ermöglicht die RWTH Aachen Studieninteressierten seit dem Jahr 2002 ein fachspezifisches webbasiertes Self-Assessment (*www.assess.rwth-aachen.de*; siehe auch Zimmerhofer, Heukamp & Hornke, 2006). Die Universität Hohenheim bietet unter www.was-studiere-ich.de einen allgemeinen und fächerübergreifenden Test für Studieninteressierte, der berufbezogene Interessen ermittelt und persönliche Empfehlungen für ein Studienfach gibt.

Mit der offensiven Strategie, Auswahlverfahren transparent zu machen, werden Unterschiede in den Vorerfahrungen mit entsprechenden Tests oder Assessment-Centern ausgeglichen. Alle Bewerber haben gleichermaßen Zugriff auf die Trainingsmodule und erscheinen so zur Testsituation ähnlich gut vorbereitet. Um erfolgreich zu sein, sollten die Online-Verfahren dem Prinzip der sozialen Validität (Schuler, 1990) folgen. Als sozial valide gelten beispielsweise Auswahlverfahren, die Informationen über Anforderungen bereitstellen, transparent sind, den Bewerbern Möglichkeiten der Kontrolle geben und das Ergebnis der Verfahrens offen und konstruktiv rückmelden. In diesem Sinne fördert die soziale Validität die Akzeptanz von Auswahlverfahren (Schuler, 1990).

Wirkungen des E-Recruiting

Die genannten Formen des E-Recruiting wirken imagebildend und selegierend. Das Unternehmen kommuniziert offen, worauf es bei den Bewerbern Wert legt. Die Testaufgaben können so gestaltet werden, dass sie der späteren Tätigkeit möglichst weit entsprechen. Auf diese Weise erhalten die Bewerber ein realistisches Bild der Stelle, um die sie sich bewerben, und hier setzt die selegierende Funktion der Strategie an: Personen, die sich unter der Stelle (oder dem Studium) etwas anderes vorgestellt haben, bewerben sich nach der Erfahrung durch das Testverfahren vielleicht gar nicht. In einem anderen Sinne selegierend wirkt die Strategie, wenn ein online bearbeiteter Test eine Voraussetzung bei der Bewerbung ist. Nur wer ein bestimmtes Mindestmaß an Motivation mitbringt, wird auch diese Voraussetzung erfüllen. Schließlich kann ein solches Verfahren auch Intervention sein: Die Bearbeitung „verändert“ den Bewerber vielleicht in bestimmter

Weise. Er lernt nicht nur, worauf es ankommt (und was er selbst nicht hat): in manchen Fällen erwirbt der Bewerber das Merkmal beim Bearbeiten. Plausibel ist diese Erwartung zum Beispiel, wenn es um Kenntnisse über das Unternehmen oder konkrete Strategien beim Lösen von Aufgaben geht.

Das ist dann natürlich keine Diagnostik reinsten Wassers mehr, sondern eher eine Mischung aus Marketing, Intervention und Diagnostik. Es ist aber vielleicht eine Möglichkeit, durch offensives Vorgehen und hohe Transparenz aus einer Not eine Tugend zu machen.

Beispiel „Challenge unlimited“

Das „Marketing“-Potenzial eines solchen Auswahlverfahrens wird am Beispiel von „Challenge unlimited“ deutlich. Die Autoren des Verfahrens verwarfen die vorliegende Testdiagnostik, weil sie zu wenig auf die Kernkompetenzen des Unternehmens zugeschnitten waren, aber auch weil ihre Bearbeitung dem Bewerber wohl kaum Spaß machen dürfte (Wild et al., 2001). Die Lösung bei „Challenge unlimited“ bestand also darin, eigene Testaufgaben zu entwerfen, in denen sich die geforderten Kompetenzen besonders gut zeigen, und diese Aufgaben dann in ein interessantes Spiel einzubinden. Die Probanden hatten über immerhin drei Stunden die Probleme des Planeten *Nouvopolis* zu lösen. Dass es sich bei dem Programm um ein Rekrutierungsinstrument von *Siemens* handelt, war den Bearbeitern von Anfang an klar. Der spielerische Charakter wird freilich deutlich betont und durch Gewinnmöglichkeiten (z. B. ein neues *Siemens*-Handy) noch unterstrichen. Insofern ist „Challenge unlimited“ gleichzeitig ein frühes Beispiel für die Rekrutierungsmethode des „Recruitainment“, bei dem die Kandidaten über Online-Spiele angesprochen und gewonnen werden (in der Folge haben etwa die *Cyquest GmbH, L'Oréal* Deutschland und die *Commerzbank* ähnliche Angebote ins Netz gestellt). Psychologisch baut das Konzept nicht nur auf die Unbefangenheit gegenüber einem Spiel auf, in dem man Informationen über das Unternehmen bereitwilliger aufnimmt und Auskünfte zur eigenen Person bereitwilliger weitergibt. Wichtig ist auch der Leistungsaspekt, der diesen Spielen oft innewohnt, und der in der meist jüngeren Zielgruppe auch fast immer einen hohen Anreizwert hat. So können im Fall von „Challenge unlimited“ die potenziellen Bewerber das Ergebnis ihrer Leistung in Form eines Kompetenzprofils selbst einsehen, so dass auch hier das Leistungsmotiv angesprochen wird.

Die Entscheidung, ob sich ein Kandidat bewerben will, ist von der Bearbeitung unabhängig. Innerhalb von sechs Wochen Spielzeit meldeten sich mit 13.000 Teilnehmern weit mehr Personen bei „Challenge unlimited“ an als ursprünglich erwartet. Auch wurde eine frühzeitige Bindung erreicht, da dadurch auch viele Werkstudenten und Praktikanten gewonnen werden konnten. Das *Siemens*-Image wurde von Teilnehmern und Medien sehr positiv wahrgenommen, so dass die Autorinnen davon ausgehen, dass die Maßnahme eine deutliche Imageverbesserung bewirkt (Wild et al., 2001).

4.4 Die Zukunft des Personalmarketings

Die personelle Zusammensetzung der Betriebe wird sich in den kommenden Jahren und Jahrzehnten zwangsläufig verändern. Fachkräftemangel und Geburtenrückgang werden die Unternehmen zwingen, bisher vernachlässigte Zielgruppen für den Arbeitsmarkt zu gewinnen. Dadurch wird auch in Deutschland die personelle Vielfalt von Unternehmen bedeutsam – in den USA ist dies schon seit vielen Jahrzehnten ein wichtiges Thema.

Aber auch die bisher stark vernachlässigte Familienpolitik muss in den Unternehmen aufgewertet werden, andernfalls werden weder aktuell noch zukünftig hochqualifizierte Fachkräfte in genügender Zahl vorhanden sein.

4.4.1 Die Ansprache von bisher vernachlässigten Zielgruppen

Betriebe können angesichts der demografischen Entwicklung ihre personelle Ausstattung nur dann sichern, wenn sie bisher vernachlässigte Zielgruppen anspricht. Dies können einerseits Minderheitengruppen, etwa ausländische Mitarbeiter und Angehörige einer anderen Kultur sein. Andererseits werden auch Frauen und ältere Arbeitssuchende in Zukunft stärker gefragt sein als bislang.

Eine heterogen zusammengesetzte Belegschaft ist ein Image-Vorteil

Die zu erwartenden Entwicklungen werden auch die personelle Vielfalt in den Unternehmen erhöhen. Dies kann durchaus positive Effekte auf die Außenwahrnehmung der Unternehmen haben, denn für das Image des Unternehmens ist die personelle Zusammensetzung des Unternehmens von großer Bedeutung. So konnten etwa Thomas und Wise (1999) zeigen, dass insbesondere bei Arbeitsuchenden, die zu einer Minderheiten-Gruppe gehören, die Attraktivität eines Unternehmens von der Zusammensetzung der Belegschaft abhängt. Ein Unternehmen wird für diese Gruppen um so attraktiver, je deutlicher rassische Minderheiten vertreten sind bzw. je ausgewogener das Geschlechterverhältnis in der Belegschaft ist.

Perkins, Thomas und Taylor (2000) variierten die rassische Vielfalt der Belegschaft in Personalanzeigen experimentell und zeigten dabei, dass die Attraktivität des Unternehmens mit zunehmender rassischer Vielfalt generell anstieg. Weiterführende Analysen zeigten, dass dieser Effekt vor allem auf die farbigen Probanden zurückging: Das Unternehmen wurde für Farbige um so attraktiver, je größer der Anteil ihrer eigenen rassischen Gruppe an den gezeigten Testimonials war. Bemerkenswert ist, dass ein umgekehrter Effekt für weiße Probanden nicht galt: In der weißen Teilstichprobe war das Unternehmen bei der Anzeige mit nur weißen Testimonials nicht attraktiver als bei den anderen Anzeigen.

Die Autoren folgern aus ihren Ergebnissen, dass es einen positiven Effekt auf Mitglieder von Minderheiten hat, wenn in der Personalwerbung Personen aus ihrer Gruppe dargestellt werden, dass dies aber keinen Effekt auf Mitglieder der Mehrheit hat. Es liegt nahe zu folgern, dass dies nicht nur für rassische Minderheiten gilt, sondern auch für andere Bevölkerungsgruppen, die zumindest auf dem Arbeitsmarkt zu einer Minderheit gehören, etwa für Frauen in traditionell von Männern besetzten Tätigkeiten oder für ältere Arbeitnehmer. Hier lassen die Ergebnisse von Perkins et al. (2000) vermuten, dass diese Gruppen gefahrlos für die Ansprache der restlichen Zielgruppe in der Personalwerbung offensiv angesprochen und gezeigt werden kann.

Dies wird noch durch einen weiteren Befund unterstrichen: Avery, Hernandez und Hebl (2004) zeigen, dass Bewerber aus einer Minderheitengruppe Anzeigen, die die Vielfalt des Unternehmens betonten, auch dann positiver bewerten, wenn die hierzu dargestellten Personen nicht zu ihrer Gruppe gehören. Offenbar ist es nicht allein die Präsenz der eigenen Gruppe, sondern die Kommunikation von Vielfalt an sich, die ein Unternehmen in den Augen der Bewerber aufwertet.

Dies bedeutet natürlich nicht, dass die Darstellung von rassischer Vielfalt im Unternehmen jedem Betrachter gefällt. Es gibt durchaus Personen, die eine entsprechende Personalwerbung eher negativ bewerten. Aber auch dieser Befund unterstreicht eigentlich die Nützlichkeit einer Personalwerbung, die die Vielfalt betont: Sie führt zu einem sinnvollen Selektionsprozess, indem sich Menschen, die von einer solchen Vielfalt eher abgeschreckt werden, auch nicht bewerben (Avery & McKay, 2006).

Ansprache älterer Arbeitnehmer

Auch ältere Arbeitnehmer werden in Zukunft stärker gefragt sein. Dies ergibt sich bereits als Folge aus der demografischen Entwicklung: Bis 2030 werden vier von zehn Erwerbspersonen älter als 50 Jahre sein (Gesellschaft für Zukunftsfragen, 2008). Gegenwärtig freilich wird es bereits für über 40-Jährige schwieriger, bei einem neuen Arbeitsgeber eine Festanstellung zu finden (Regnet, 2004). Allerdings ist die Erwerbsquote insgesamt unter den 50- bis 65-Jährigen von 2000 bis 2008 von 54 auf 66 % gestiegen (Opaschowski, 2008).

Die Zielgruppe älterer Mitarbeiter ist für den zukünftigen Arbeitsmarkt durchaus interessant. Insbesondere kleinere Unternehmen haben hier die Chance, aus der Altergruppe über 40 „High Potentials“ zu gewinnen, die sie nicht gewinnen könnten, wenn sie sich an jüngere Kandidaten wenden, denn diese bevorzugen zunächst große und bekannte Konzerne. Regnet (2004) zitiert eine Reihe von Beispielen, in denen Unternehmen erfolgreich um ältere Mitarbeiter geworben haben:

Fallbeispiele

Der Kfz-Zulieferer *Brose Fahrzeugteile GmbH & Co. KG* beschäftigt weltweit circa 7.000 Mitarbeiterinnen und Mitarbeiter. Eine Analyse zeigte, dass die Teams nicht altersausgewogen besetzt sind, das Durchschnittsalter lag um 2003 bei 37 Jahren. Im Vorfeld einer weiteren Expansion schaltete das Unternehmen nun Personalanzeigen in der SZ und FAZ mit der Überschrift: „Senioren gesucht". Ausdrücklich wurden „ältere, erfahrene Entscheidungsträger ab 45 Jahren" angesprochen. (*www.flexible-unternehmen.de/news/03-04-10-05.htm*; Zugriff am 10. 04. 2003) Für das Unternehmen war hilfreich, dass sein Entlohnungssystem ohnehin leistungsbezogen und nicht nach Alter und Dienstjahren ausgerichtet ist. Die gezielte Einstellung älterer Arbeitnehmer führt in diesem Fall nicht zu einer unverhältnismäßigen Kostensteigerung.

Auch die Firma *Farion Engineering GmbH* hat gezielt Ingenieure ab 50 Jahren gesucht und hat per 2003 eine Belegschaft mit mehr als ein Drittel der Beschäftigen im Alter von 50 Jahren und älter. Die Auswahl an Bewerbern hatte sich für die Firma radikal geändert, nachdem eine altersunspezifische Personalsuchanzeige durch eine ersetzt wurde, die explizit Ingenieure bis zu 65 Jahren zu einer Bewerbung aufforderte. Die Menge der Bewerbungen stieg von 17 auf 527. Von diesen wurden immerhin 280 vom Unternehmen als gut bis sehr gut geeignet eingestuft. Eingestellt wurden 19.

Offenbar halten sich viele hervorragend geeignete Bewerber mit ihrer Bewerbung zurück, weil sie sich von ihrer Initiative keinen Erfolg versprechen (siehe auch Kapitel 1.4).

B & Q, eine Handelskette für Garten- und Heimwerkerbedarf aus Großbritannien, eröffnete 1989 eine Filiale, deren Personal durchgehend 50 Jahre und älter war. Grund hierfür war nicht nur die starke Expansion des Unternehmens, die einen hohen Personalbedarf schuf, oder die hohe Fluktuationsrate zu dieser Zeit. Ein weiterer wichtiger Gedanke war die Erwartung, dass in der Kohorte der über 50-Jährigen verstärkt Hausbesitzer vertreten sein dürften, die Garten- und Renovierungsarbeiten aus eigener Erfahrung kennen. Im Vergleich der Filialen zeigte sich ein Erfolg der Maßnahme. In der Niederlassung mit der älteren Belegschaft waren Fluktuation, Fehlzeiten und Warenschwund geringer und die Bereitschaft, Überstunden zu leisten, höher als in anderen Filialen.

Die Beispiele zeigen, dass die positiven Erwartungen an die Ansprache speziell älterer Arbeitnehmer durchaus gerechtfertig sind. Diese Erwartungen bestehen etwa darin, dass ältere Fachkräfte nur eine kurze Einarbeitungszeit benötigen und daher schnell und vielseitig einsetzbar sind. Sie bestehen weiterhin darin, dass man bei älteren Arbeitnehmern eine höhere Motivation und Loyalität vermutet und in der Folge also auch auf geringere Fluktuation rechnet.

Arbeitnehmer sind mehrheitlich bereit, über das 65. Lebensjahr hinaus zu arbeiten und wünschen hierzu flexible Altersgrenzen

Dabei ist auch die Bereitschaft unter älteren Personen, sich am Arbeitsmarkt zu beteiligen, hoch. Fast drei Viertel der Berufstätigen in Deutschland sind nach einer Befragung aus 2008 bereit, über das 65. Lebensjahr hinaus zu arbeiten. Das Ziel ist dabei, die erwartungsgemäß schmale Rente aufzustocken. Flexible Altersgrenzen und weniger gesetzliche Zwangsverrentung sollen dies ermöglichen (Opaschowski, 2008).

Rau und Adams (2005) untersuchten, auf welche Argumente Arbeitnehmer im Ruhestand reagieren, die für den Arbeitsmarkt zurückgewonnen werden sollen. Eine wesentliche Voraussetzung für das Interesse dieser Arbeitnehmergruppe an einer Beschäftigung ist zunächst einmal die Flexibilität in den Arbeitszeiten, vor allem aber im Umfang der Arbeit. Die ausdrückliche Zuwendung zu älteren Arbeitnehmern hatte nur dann einen Effekt, wenn sie mit einer flexiblen Arbeitszeitgestaltung und mit einer Tätigkeitsbeschreibung einherging, bei der die älteren Mitarbeiter ihren Erfahrungsvorsprung ausnutzen und an jüngere Mitarbeiter weitergeben konnten. Dies unterstreicht noch einmal, dass es zwar sinnvoll ist, eine bestimmte Zielgruppe exklusiv und ausdrücklich anzusprechen, dass aber nur positive Effekte zu erwarten sind, wenn neben der behaupteten Wertschätzung für die Zielgruppe auch handgreifliche Argumente vorgetragen werden.

4.4.2 Pflege familiärer Werte als Kapital für die Zukunft

Die bisherigen Ausführungen zeigen relativ deutlich, dass in der Arbeitswelt familiären Werten eher die Zukunft gehört als einer Karriereorientierung. Zum einen nämlich wird der Arbeitsmarkt bei den höher qualifizierten Kräften zukünftig ohnehin stärker als bisher durch Frauen geprägt, die aus naheliegenden Gründen stärker als Männer auf ein familienfreundliches Arbeitsumfeld angewiesen sind. Ein Großteil der weiblichen Fachkräfte wird nur für Betriebe zu haben sein, die entsprechende Arbeitsplatzmodelle anbieten, die also familiäre Werte aktiv umsetzen (siehe Abbildung 10).

Zum anderen geht der Fachkräftemangel ganz wesentlich auf die sinkenden Geburtenzahlen zurück – insofern liegt es im eigenen Interesse der Unternehmen, familiäre Werte zu fördern und deren Umsetzung bei ihren Mitarbeitern zu unterstützen.

Allerdings erwächst für Wirtschaft und Gesellschaft auch auf viel kürzerem Wege bereits ein Schaden durch eine geringe Vereinbarkeit von Beruf und Familie. So können zum Beispiel Jacobshagen, Amstad, Semmer und Kuster

Mangelhafte Balance zwischen Familie und Beruf ist auch unter Managern ein Risikofaktor

Abbildung 10:
„Knallharte Karrierefrauen gesucht." aus Deutsche Telekom (2009). Arbeitgeberimagekampagne, Motto: We Change. Your Chance.

(2005) zeigen, dass die Effekte von Stressoren auf das Befinden von Top-Managern durch Probleme in der Vereinbarkeit von Arbeit und Familie (Work-Family-Balance) vermittelt wurden. Offenbar hängen Befinden und Arbeitsfähigkeit auch im Bereich dieser hochqualifizierten Tätigkeiten wesentlich von der erlebten Möglichkeit ab, Beruf und Familie in Einklang zu bringen.

Betriebliche Familienpolitik liegt noch im Argen

Nicht nur die sozialen Sicherungssysteme, sondern die Zukunftsfähigkeit des gesamten Wirtschaftsstandortes und die Wettbewerbsfähigkeit der einzelnen Unternehmen hängen davon ab, dass die zukünftige Politik in den Unternehmen die Vereinbarkeit von Beruf und Familie ermöglichen. Beklagt werden aber weiterhin ein zu geringes Problembewusstsein unter den Arbeitgebern und ein Mangel an konkreten Vorschlägen (Becker, 2006). Auch Betriebs- und Personalräte sehen in der Vereinbarkeit von Beruf und Familie offenbar immer noch ein nachrangiges „Frauenthema" (Döge & Behnke, 2006). Vorbildliche Unternehmen würden zu wenig herausgestellt, und über die Bandbreite möglicher Maßnahmen werde zu wenig informiert.

> „Denn betriebliche Familienpolitik reduziert sich nicht auf das Vorhandensein eines Betriebskindergartens. Das Angebot erstreckt sich von der Flexibilisierung der Arbeitszeitregelungen bis zur Entscheidung, ob die Arbeit zu Hause oder im Betrieb verrichtet wird, von Kontakthalteangeboten während der Elternzeit und der Einrichtung eines Eltern-Kind-Arbeitszimmers bis hin zur Vermittlung von Pflegekräften zur Betreuung älterer Familienangehöriger."
>
> *(Becker, 2006, S. 1)*

Viele dieser Angebote wird der Betrieb alleine nicht realisieren können, hier lohnt sich die Frage nach Kooperationspartnern, mit anderen Unternehmen und familienpolitischen Akteuren vor Ort.

Insgesamt scheint das Problembewusstsein noch nicht stark genug ausgeprägt zu sein. Wie viele Probleme bedeutet die demografische Herausforderung aber auch eine Chance: Unternehmen, die sich frühzeitig auf die bisher vernachlässigten Zielgruppen und auf familiäre Werte einlassen, verschaffen sich dabei im Personalmarkt Wettbewerbsvorteile gegenüber denjenigen, die zu spät kommen werden und die voraussichtlich das Leben – oder der Markt – „bestrafen" wird.

5 Weiterführende Literatur

Fröhlich, W. (Hrsg.). (2004). *Nachhaltiges Personalmarketing. Strategische Ansätze und Erfolgskonzepte aus der Praxis.* Frechen: Datakontext.

Moser, K. (1992). *Personalmarketing. Eine Einführung.* München: Quintessenz.

Strutz, H. (1993). *Handbuch Personalmarketing* (2. erweiterte Auflage). Wiesbaden: Gabler.
Wucknitz, U. D. (2000). *Mitarbeiter-Marketing*. Göttingen: Hogrefe.

6 Literatur

Abele, A. E. (2005). Ziele, Selbstkonzept und Work-Life-Balance bei der längerfristigen Lebensgestaltung: Befunde der Erlanger Längsschnittstudie BELA-E mit Akademikerinnen und Akademikern. *Zeitschrift für Arbeits- und Organisationspsychologie, 49,* 176–186.
Ahlers, F. (1994). *Strategische Nachwuchsrekrutierung. Empfehlungen zum Management personalbeschaffungsorientierter Hochschulkontakte auf Grundlage einer Unternehmensbefragung*. München und Mering: Hampp.
Allen, N. J. & Meyer, J. P. (1990). The measurement and antecendents of affective, continuance and normative commitment to the organization. *Journal of Occupational Psychology, 63,* 1–18.
Allport, G. (1924). *Social psychology*. Boston: Houghton Mifflin.
Avery, D. R. & McKay, P. F. (2006). Target practice: An organizational impression management approach to attracting minority and female job applicants. *Personnel Psychology, 59,* 157–187.
Avery, D. R., Hernandez, M. & Hebl, M. R. (2004). Who's watching the race? Racial salience in recruiting advertisements. *Journal of Applied Social Psychology, 34,* 146–161.
Barthel, C. (2006). *Standortanforderungen Thüringer High-Tech-Unternehmen – Eine Darstellung auf Basis von Conjoint und Means-End-Analyse.* Unveröffentlichte Diplomarbeit, Hochschule Harz, Wernigerode.
Bastardi, A. & Shafir, E. (1998). On the pursuit and misuse of useless information. *Journal of Personality and Social Psychology, 75,* 19–32.
Bauer, F. (2000). *Die Psychologie der Preisstruktur. Entwicklung der „Entscheidungspsychologischen Preisstrukturgestaltung“ zur Erklärung und Vorhersage nicht-normativer Einflüsse der Preisstruktur auf die Kaufentscheidung.* München: CS Press.
Becker, R. (2004). *Grundlagen zur Konzeption eines Praktikantenbindungsprogramms*. Unveröffentlichtes Manuskript, Hochschule Harz, Wernigerode.
Becker, S. J. (2006, 12. April). Greifbare Angebote müssen her. *Frankfurter Allgemeine Zeitung, Verlagsbeilage Familie und Beruf,* S.1.
Belt, J. A. & Paolillo, J. G. (1982). The influence of corporate image and specifically candidate qualifications on response to recruitment advertisement. *Journal of Management, 8,* 105–112.
Bless, H., Fiedler, K. & Strack, F. (2004). *Social Cognition. How individuals construct social reality*. Hove, East Sussex: Psychology Press.
Bless, H., Igou, E. R., Schwarz, N. & Wänke, M. (2000). Reducing context effects by adding context information: The direction and size of context effects in political judgment. *Personality and Social Psychology Bulletin, 26,* 1036–1045.
Bloßfeld, B. (2002). *Commitmentbereitschaft: Faktorielle Struktur und Beziehungen zu den Big Five, Commitment, Ungewißheitstoleranz, Konsistenzmotiv und Bindungsstilen.* Unveröffentlichte Diplomarbeit, Martin-Luther-Universität, Halle (Saale).
Böcker, M. & Helfenstein, H. (2004). Stellenanzeigen formulieren: Der Ton macht die Musik. *Personalführung, 5,* 42–45.

Bohner, G. & Wänke, M. (2002). *Attitudes and attitude change*. Hove, East Sussex: Psychology Press.
Bonin, H., Schneider, M., Quinke, H. & Arens, T. (2007). *Zukunft von Bildung und Arbeit: Perspektiven von Arbeitskräftebedarf und -angebot bis 2020*. Bonn: IZA Research Report Nr. 9.
Boswell, W. R., Roehling, M. V., LePine, M. A. & Moynihan, L. M. (2003). Individual job-choice decisions and the impact of job attributes and recruitment practices: A longitudinal field study. *Human Ressource Management, 42,* 23–37.
Brickman, P., Coates, D. & Janoff-Bulman, R. (1978). Lottery winners and accident victims: Is happiness relative? *Journal of Personality and Social Psychology, 36,* 917–927.
Brixy, U. & Christensen, B. (2002). Wie viel würden Arbeitslose für einen Arbeitsplatz in Kauf nehmen? Nürnberg: IAB-Kurzbericht Nr. 25.
Brost, M., Meyer-Timpe, U. & Schulte, F. (2006, 12. Juni). Wissen ohne Wert. *Die Zeit,* S. 17.
Cable, D. M. & Graham, M. E. (2000). The determinants of job seekers' reputation perceptions. *Journal of Organizational Behaviour, 21,* 929–947.
Davies, G. (2007). Employer branding and its influence on managers. *European Journal of Marketing, 42,* 667–681.
Deutsche Employer Branding Akademie (2007). Wirbst Du noch oder positionierst Du schon? *Personalwirtschaft, 5,* 26.
Deutsche Gesellschaft für Personalführung (2004). *Personalmarketing – ein unterschätzter Erfolgsfaktor. Ergebnisse einer Tendenzbefragung*. Reihe PraxisPapiere, Ausgabe 8/2004. Düsseldorf: Deutsche Gesellschaft für Personalführung e. V.
Deutsche Gesellschaft für Personalführung (2008). *Web 2.0 – Chance oder Risiko für das Personalmanagement? Befragungsergebnisse*. Ausgabe 1/2008. Düsseldorf: Deutsche Gesellschaft für Personalführung e. V.
DeRiese-Meyer, L. & Hobrecker, M. (2006). Bewerberauswahl mit Online-Tests im Bereich „Ausbildung" der Henkel KGaA. *Wirtschaftspsychologie aktuell, 13* (2–3), 31–36.
Detmers, U. (2002). Externe Personalbeschaffungswege: Klassisches Posting. Forschungsbericht. In R. Bröckermann & W. Pepels (Hrsg.), *Handbuch Recruitment. Die neuen Wege moderner Personalakquisition. Planung, Beschaffungswege, Auswahlverfahren. Beiträge aus Forschung und Praxis* (S. 69–78). Berlin: Cornelsen.
Döge, P. & Behnke, C. (2006). *Betriebs- und Personalräte als Akteure familienbewusster Personalpolitik. Handlungsmuster von Personalvertretungen in Unternehmen und Organisationen mit dem audit berufundfamilie*. Berlin: Institut für anwendungsorientierte Innovations- und Zukunftsforschung e. V. – IAIZ.
Esch, F.-R. (2004). *Strategie und Technik der Markenführung*. München: Vahlen.
Farrell, D. & Rusbult, C. E. (1981). Exchange variables as predictors of job satisfaction, job commitment, and turnover: The impact of rewards, costs, alternatives, and investments. *Organizational Behavior and Human Performance, 27,* 78–95.
Felser, G. (2007). *Werbe- und Konsumentenpsychologie* (3. Auflage). Heidelberg: Spektrum Akademischer Verlag.
Felser, G. (2004). „Das hätte ich auch billiger haben können" – kontrafaktisches Denken im Konsumentenverhalten. *Wirtschaftspsychologie aktuell, 2,* 36–38.
Festinger, L. E. & Carlsmith, J. M. (1959). Cognitive consequences of forced compliance. *Journal of Abnormal and Social Psychology, 58,* 203–210.
Folkman, S. & Lazarus, R. S. (1980). An analysis of coping in a middle-aged community sample. *Journal of Health and Social Behavior, 21,* 219–239.
Fombrun C. & Shanley, M. (1990). What's in a name? Reputation building and corporate strategy. *Academy of Management Journal, 33,* 233–258.

Forster, A., Erz, A. & Jenewein, W. (2007). Employer Branding – Ein konzeptioneller Ansatz zur markenorientierten Mitarbeiterführung. In T. Tomczak, F.-R. Esch, J. Kerstock & A. Herrmann (Hrsg.), *Behavioral Branding: Wie Mitarbeiterverhalten die Marke stärkt* (S. 277–294). Wiesbaden: Gabler.

Führing, M. (2002). Hochschulmarketing: Fächerspezifische Prognosen der Absolventen bis 2005. *Personal, 54*(5), 50–53.

Galinsky, A. G. & Mussweiler, T. (2001). First offers as anchors: The role of perspective taking and negotiator focus. *Journal of Personality and Social Psychology, 81,* 657–669.

Galinsky, A. G., Seiden, V. L., Kim, P. H. & Medvec, V. H. (2002). The dissatisfaction of having your first offer accepted: The role of counterfactual thinking in negotiations. *Personality and Social Psychology Bulletin, 28,* 271–283.

Gatewood, R. D., Gowan, M. A. & Lautenschlager, G. J. (1993). Corporate image, recruitment image, and initial job choice decisions. *The Academy of Management Journal, 36,* 414–427.

Gelbert, A. & Inglsperger, A. (2008). Employer Branding als Wachstumshebel. *Insights, 6,* 14–21.

Gilbert, D. T. & Ebert, J. E. J. (2002). Decisions and revisions: The affective forecasting of changeable outcomes. *Journal of Personality and Social Psychology, 82,* 503–514.

Gilbert, D. T. & Wilson, T. D. (2003). Affective forecasting. In M. Zanna (Ed.), *Advances in Experimental and Social Psychology* (Vol. 82, pp. 503–514). New York: Adacemic Press.

Gmür, M., Martin, P. & Karczinski, D. (2002). Employer Branding – Schlüsselfunktion im strategischen Personalmarketing. *Personal, 10,* 12–16.

Göritz, A. S. & Moser, K. (2002). Personalmarketing im Internet – Eine Untersuchung des Auftritts der 100 größten deutschen Unternehmen. *Zeitschrift für Personalpsychologie, 3,* 141–148.

Graue, F. (2005). *Bewerbermanagement. Eine empirische Studie zur Qualität und Effizienz.* Unveröffentlichte Diplomarbeit, Fachhochschule Dortmund (zit. n. http://www.auto.de/content/view/7100/528/; Zugriff am 22.02.2006)

Gregory, W. L., Cialdini, R. B. & Carpenter, K. M. (1982). Self-relevant scenarios as mediators of likelihood estimates and compliance: does imagining make it so? *Journal of Personality and Social Psychology, 43,* 89–99.

Grier, S. A. & Brumbaugh, A. M. (1999). Noticing cultural differences: Ad meanings created by target and non-target markets. *Journal of Advertising, 28,* 79–93.

Grobe, E. (2003). *Corporate Attractiveness – eine Analyse der Wahrnehmung von Unternehmensmarken aus der Sicht von High Potentials.* Leipzig: HHL-Arbeitspapier Nr. 50.

Hofstetter, H. (1992). Die Attraktivität des Unternehmens als Arbeitgeber. In H. Strutz (Hrsg.), *Strategien des Personalmarketing. Was erfolgreiche Unternehmen besser machen* (S. 43–50). Wiesbaden: Gabler.

Institut der deutschen Wirtschaft Köln (Hrsg.). (2007). Fachkräftemangel – Ingenieure fehlen. *iwd, 49* (33), 6 f.

Ivancevich, J. M. & Donnelly, J. M. (1971). Job offers acceptance behavior and reinforcement. *Journal of Applied Psychology, 55,* 119–122.

Jacobshagen, N., Amstad, F. T., Semmer, N. K. & Kuster, M. (2005). Work-Family-Balance im Topmanagement: Konflikt zwischen Arbeit und Familie als Mediator der Beziehung zwischen Stressoren und Befinden. *Zeitschrift für Arbeits- und Organisationspsychologie, 49,* 208–219.

Jäger, K. & Schumacher, S. (2004). Personalm@rketing für Top-Nachwuchs – was versteckt sich dahinter. In W. Fröhlich (Hrsg.), *Nachhaltiges Personalmarketing. Strategische Ansätze und Erfolgskonzepte aus der Praxis* (S. 241–266). Frechen: Datakontext.

Jäger, W. & Frickenschmidt, S. (2003). Professionelle HR-Webseiten. *Personalwirtschaft, 1,* 30–32.
Judge, T. A. & Cable, D. M. (1997). Applicant personality, organizational culture, and organization attraction. *Personnel Psychology, 50,* 359–394.
Jung, H. (2003). *Personalwirtschaft* (5. Auflage). München: Oldenbourg.
Kahneman, D. & Tversky, A. (1979). Prospect theory: An analysis of decision under risk. *Econometrica, 47,* 263–291.
Kahnt, A., Domogalla, C., Jonas, E., Frey, D. & Poech, A. (2004). Geld als Motivator: Die Rolle des finanziellen Status in der Einstellung zu Geld. *Wirtschaftspsychologie, 6,* 3–11.
Kirchgeorg, M. & Lorbeer, A. (2002). Was erwarten Nachwuchstalente von Arbeitgebern? *Personalwirtschaft (Sonderheft), 6,* 6–10.
Knoblauch, R. (2004). Motivation und Honorierung der Mitarbeiter als Personalbindungsinstrumente. In R. Bröckermann & W. Pepels (Hrsg.), *Personalbindung. Wettbewerbsvorteile durch strategisches Human Resource Management* (S. 101–131). Pepels: Erich-Schmidt-Verlag.
Kotler, P. & Bliemel, F. (2001). *Marketing-Management. Analyse, Planung, Umsetzung und Steuerung* (10. Auflage). Stuttgart: Schäffer-Poeschel.
Lachmann, U. (2002). *Wahrnehmung und Gestaltung von Werbung*. Hamburg: Gruner + Jahr.
Lange, M. A. (1996). *Demographischer Wandel und Arbeitsmarkt. Eine makroökonomische Analyse der Interdependenzen und politischen Optionen und Implikationen*. Engelsbach: Hänsel-Hohenhausen.
Laskey, H. A., Fox, R. J. & Crask, M. R. (1994). Investigating the impact of executional style on television commercial effectiveness. *Journal of Advertising Research, 34* (6), 9–18.
Lawler, E. E. I., Kuleck, W. J., Rhode, J. G. & Sorensen, J. E. (1975). Job choice and post decision dissonance. *Organizational Behavior and Human Performance, 13,* 133–145.
Levinger, G. (1999). Duty toward whom? Attractions and barriers as determinants of commitment in a relationship. In J. M. Adams & W. H. Jones (Eds.), *Handbook of Interpersonal Commitment and Relationship Stability* (pp. 37–52). New York: Kluwer.
Lumsdaine, A. A. & Janis, I. L. (1953). Resistance to ‚Counter-propaganda‘ produced by one-sided and two-sided ‚propaganda‘ presentations. *Public Opinion Quarterly, 17,* 311–318.
Maassen, O. (2004). Die AIR-Formel als ganzheitliches Personalmarketing-Konzept. In W. Fröhlich (Hrsg.), *Nachhaltiges Personalmarketing. Strategische Ansätze und Erfolgskonzepte aus der Praxis* (S. 79–100). Frechen: Datakontext.
Maassen, O. & Vorbeck, M. (2003). Das Talent-Center der HVB-Group. *Personalwirtschaft, 1,* 17–21.
McGuire, W. J. (1964). Inducing resistance to persuasion: Some contemporary approaches. In L. Berkowitz (Ed.), *Advances in Experimental Social Psychology* (Vol. 1, pp. 191–229). New York: Academic Press.
Meffert, H., Burmann, C. & Koers, M. (2005). *Markenmanagement – Grundlagen der identitätsorientierten Markenführung* (2. Aufl.). Wiesbaden: Gabler.
Meser, C. & Jäger, W. (2007). *Web 2.0 im Personalmarketing. Zusammenfassung der wichtigsten Ergebnisse einer empirischen Studie unter Personalmitarbeitern großer und attraktiver deutscher Arbeitgeber*. Wiesbaden: Fachhochschule Wiesbaden. Fachbereich Design Informatik Medien.
Meyer, J. P. & Allen, N. J. (1991). A three-component conceptualization of organizational commitment to the organization commitment. *Human Resource Management Review, 1,* 61–89.
Meyer-Hentschel Management Consulting (1993). *Erfolgreiche Anzeigen. Kriterien und Beispiele zur Beurteilung und Gestaltung* (2. Auflage). Wiesbaden: Gabler.

Miller, D. T. (1999). The norm of self-interest. *American Psychologist, 54,* 1053–1060.
Miller, G. A. (1956). The magical number seven, plus or minus two: Some limits on our capacity to process information. *Psychological Review, 63,* 81–97.
Moser, K. (1992). *Personalmarketing. Eine Einführung*. München: Quintessenz.
Moser, K. (1998). Gibt es negative Seiten von hohem Commitment? *Gruppendynamik, 29,* 263–274.
Moser, K. (2005). Recruitment sources and post-hire outcomes: The mediating role of unmet expectations. *International Journal of Selection and Assessment, 13,* 188–197.
Moser, K. & Göritz, A. S. (2005). E-recruitment: Organizational and individual perspectives. In A. Schütz, S. Habscheid, W. Holly, J. Krems & G. G. Voß (Hrsg.), *Neue Medien im Alltag: Befunde aus den Bereichen Arbeit, Lernen und Freizeit (New media in everyday life. Findings from the fields of work, learning and leisure)* (S. 38–53). Lengerich: Pabst.
Moser, K. & Schmook, R. (2001). Berufliche und organisationale Sozialisation. In: H. Schuler (Hrsg.), *Lehrbuch der Personalpsychologie* (S. 215–239). Göttingen: Hogrefe.
Moser, K. & Zempel, J. (2001). Personalmarketing. In H. Schuler (Hrsg.), *Lehrbuch der Personalpsychologie* (S. 63–87). Göttingen: Hogrefe.
Müller-Vorbrüggen, M. (2004). Personalbindung in dynamischen Unternehmen. *Personalwirtschaft, 1,* 39–42.
Nawrocki, J. (2004). Drei Jahrzehnte Personalmarketing. In W. Fröhlich (Hrsg.), *Nachhaltiges Personalmarketing. Strategische Ansätze und Erfolgskonzepte aus der Praxis* (S. 51–59). Frechen: Datakontext.
OECD. (2008). *Education at a Glance*. Paris: OECD Publications.
Oechsler, W. (1997). *Personal und Arbeit. Einführung in die Personalwirtschaft und Einbeziehung des Arbeitsrechts* (6. Auflage). München: Oldenbourg.
Opaschowski, H. W. (2008). *Deutschland 2030. Wie wir in Zukunft leben*. Gütersloh: Gütersloher Verlagshaus.
Perkins, L. A., Thomas, K. M. & Taylor, G. A. (2000). Advertising and recruitment: Marketing to minorities. *Psychology & Marketing, 17,* 235–255.
Pett, J. & Kriegler, W. R. (2007). Employer Branding: Ein Leuchtfeuer entzünden und andere überstrahlen. *Personalwirtschaft, 5,* 18–22.
Puca, R. M. & Langens, T. A. (2002). Motivation. In J. Müsseler & W. Prinz (Hrsg.), *Allgemeine Psychologie* (S. 225–270). Heidelberg: Spektrum Akademischer Verlag.
Rau, B. L. & Adams, G. A. (2005). Attracting retirees to apply: Desired organizational characteristics of bridge employment. *Journal of Organizational Behavior, 26,* 649–660.
Regnet, E. (2004). *Karriereentwicklung 40+. Weitere Perspektiven oder Endstation?* Weinheim und Basel: Beltz.
Rehn, M.-L. (1993). Die Eingliederung neuer Mitarbeiter. In K. Moser, W. Stehle & H. Schuler (Hrsg.), *Personalmarketing* (S. 77–95). Göttingen: Hogrefe.
Reich, K.-H. (1992). Der Einsatz von Marketinginstrumenten im Personalbereich. In H. Strutz (Hrsg.), *Strategien des Personalmarketing. Was erfolgreiche Unternehmen besser machen* (pp. 13–27). Wiesbaden: Gabler.
Reinberg, A. & Hummel, M. (2003). Steuert Deutschland langfristig auf einen Fachkräftemangel zu? *IAB Kurzbericht, 9,* 1–7.
Rohwetter, M. (2005, 17.11.). Alle unter Kontrolle. *Die Zeit.*
Rosenstiel, L. von & Nerdinger, F. (2000). Die Münchner Wertestudien – Bestandsaufnahme und (vorläufiges) Resumee. *Psychologische Rundschau, 51,* 146–157.
Röpcke, K., Läntzsch, C., Lehner, E., Pötzsch, A. & Felser, G. (2006, 21.9.). *Entscheidungsmanipulation durch Attrappen: Über unsere Vorliebe für nutzlose Informationen.* Vortrag auf dem 45. Kongress der Deutschen Gesellschaft für Psychologie, Nürnberg.

Rusbult, C. E. (1980). Commitment and satisfaction in romantic associations: A test of the investment model. *Journal of Experimental Social Psychology, 16,* 172–186.

Ryan, A. M. & Tippins, N. T. (2004). Attracting and selecting: What psychological research tells us. *Human Resource Management, 43,* 305–318.

Rynes, S. L., Colbert, A. E. & Brown, K. G. (2002). HR professionals' beliefs about effective human resource practices: Correspondence between research and practice. *Human Ressource Management, 41,* 149–174.

Sauder, G. (2001). Berufsakademie: Studium an den Lernorten Akademie und Betrieb. *Personalführung, 3,* 62–70.

Schanz, G. (2000). *Personalwirtschaftslehre. Lebendige Arbeit in verhaltenswissenschaftlicher Perspektive* (3. Auflage). München: Vahlen.

Schiedt, A. (2000). Mitarbeiterbindung steckt in den Kinderschuhen. *Personalwirtschaft, 12,* 53–57.

Schlabinger, G. & Hansen, S. (2004). Personalmarketing im klinischen Bereich. In W. Fröhlich (Hrsg.), *Nachhaltiges Personalmarketing. Strategische Ansätze und Erfolgskonzepte aus der Praxis* (S. 61–77). Frechen: Datakontext.

Schuler, H. (1990). Personalauswahl aus der Sicht der Bewerber: Zum Erleben eignungsdiagnostischer Situationen. *Zeitschrift für Arbeits- und Organisationspsychologie, 34,* 134–191.

Schuler, H. & Brandenburg, T. (2003). Personalauswahl für 48.000 Bewerber. *Personalmagazin, 9,* 1–4.

Schuler, H. & Höft, S. (2004). Diagnose beruflicher Eignung und Leistung. In H. Schuler (Hrsg.), *Lehrbuch Organisationspsychologie* (S. 235–283). Bern: Huber.

Schuler, H. & Moser, K. (1993). Entscheidung von Bewerbern. In K. Moser, W. Stehle & H. Schuler (Hrsg.), Personalmarketing (S. 51–75). Göttingen: Hogrefe.

Schuman, H. & Scott, J. (1987). Problems in the use of survey questions to measure public opinion. *Science, 45,* 216–223.

Schwarz, N. & Bless, H. (1992). Constructing reality and its alternatives: An inclusion/exclusion model of assimilation and contrast effects in social judgment. In L. L. Martin & A. Tesser (Eds.), *The construction of social judgments* (pp. 217–245). Hillsdale, N. J.: Erlbaum.

Schwerdtfeger, B. (1999). Kaum Anschluß unter dieser Nummer. *werben & verkaufen, 21,* 42.

Six, B. & Kleinbeck, U. (1989). Arbeitsmotivation und Arbeitszufriedenheit. In E. Roth (Hrsg.), *Organisationspsychologie* (Enzyklopädie für Psychologie, Serie: Wirtschafts-, Organisations- und Arbeitspsychologie; Bd. 3, S. 349–398). Göttingen: Hogrefe.

Slaughter, J. E., Zickar, S., Highhouse, S. & Mohr, D. C. (2004). Personality traits inferences about organisations: development of a measure and assessment of construct validity. *Journal of Applied Psychology, 89,* 85–103

Speck, P., Kimmerle, M., Neher, H. & Oltzscher, S. (2004). Innovationspreis 2000. In W. Fröhlich (Hrsg.), *Nachhaltiges Personalmarketing. Strategische Ansätze und Erfolgskonzepte aus der Praxis* (S. 173–192). Frechen: Datakontext.

Spies, R. (2004). Kontakte knüpfen, Image pflegen. Der Markt der Recruiting Events. *Personalführung, 37*(5), 32–38.

Staw, B. M. (1976). Knee-deep in the big muddy: A study of escalating commitment to a chosen course of action. *Organizational Behavior and Human Performance, 16,* 27–44.

Steiner, C. (2004). *Personalmarketing zur effizienten Nachwuchssicherung im Unternehmen am Beispiel des technischen Nachwuchses.* Unveröffentlichte Diplomarbeit, Hochschule Harz, Wernigerode.

Steiner, H. (2004). Mehr Marketing! – Was man im Personalmarketing besser machen kann. *Wirtschaftspsychologie aktuell, 2,* 44–48.

Stiftung für Zukunftsfragen (2008, 26. Aug.). Zukunftsvorsorge für Deutschland: „Packen wir's an!" *Forschung Aktuell. Newsletter, 29. Jg., Ausg. 208,* S. 1–12.

Stoops, R. (1984) Recruitment ads that get results. *Personnel Journal, 63,* 24–26.

Strack, F. (1994). *Zur Psychologie der standardisierten Befragung. Kognitive und kommunikative Prozesse.* Berlin: Springer.

Strutz, H. (1992). Personalmarketing: Alter Wein in neuen Schläuchen? In H. Strutz (Hrsg.), *Strategien des Personalmarketing. Was erfolgreiche Unternehmen besser machen* (S. 1–11). Wiesbaden: Gabler.

Strutz, H. (1993). *Handbuch Personalmarketing* (2. erweiterte Auflage). Wiesbaden: Gabler.

Stümpel, U. (2003). Rekrutierungsveranstaltungen im Test. *Personalwirtschaft, 30* (12), 52–53.

Tett, R. P. & Meyer, J. P. (1993). Job satisfaction, organizational commitment, turnover intention, and turnover: Path analyses based on metaanalytic findings. *Personnel Psychology, 46,* 259–292.

Thomas, K. M. & Wise, P. G. (1999). Organizational attractiveness and individual differences: Are diverse applicants attracted by different factors? *Journal of Business and Psychology, 13,* 375–390.

Tom, V. R. (1971). The role of personality and organizational images in recruiting process. *Organizational Behavior and Human Performance, 6,* 573–592.

Tormala, Z. L. & Petty, R. E. (2002). What doesn't kill me makes me stronger: The effects of resisting persuasion on attitude certainty. *Journal of Personality and Social Psychology, 83,* 1298–1313.

Turban, D. B. & Cable, D. M. (2003). Firm reputation and applicant pool characteristics. *Journal of Organizational Behavior, 24,* 733–751.

Turban, D. B. & Greening D. W. (1997). Corporate social performance and organizational attractiveness to prospective employees. *Academy of Management Journal, 40,* 658–672.

Tversky, A. & Kahneman, D. (1974). Judgment under uncertainty: Heuristics and biases. *Science, 185,* 1124–1131.

Tversky, A. & Kahneman, D. (1981). The framing of decisions and the psychology of choice. *Science, 211,* 1124–1131.

Usunier, J.-C. & Walliser, B. (1993). *Interkulturelles Marketing. Mehr Erfolg im internationalen Geschäft.* Wiesbaden: Gabler.

VDI Nachrichten (2002). *Der Ingenieur im Spiegel wissenschaftlicher Studien. Ingenieure – wer sie sind und was sie denken.* Düsseldorf: VDI Verlag GmbH.

VDI Nachrichten (2004). *Fachkräftemangel bei Ingenieuren? Aktuelle Situation und Perspektiven.* Düsseldorf: VDI Verlag GmbH.

Verse-Herrmann, A. (2001). *Duale Studiengänge. Studium und Berufsausbildung praxisnah kombiniert.* Frankfurt: Eichborn.

Watzka, K. (2003). Hochschulmarketing. Arbeitgeberattraktivität und Rekrutierungskanäle. *Personal, 55,* 8–11.

Weinert, A. B. (1998). *Organisationspsychologie*. Weinheim: Beltz.

Westerman, J. W. & Cyr, L. A. (2004). An integrative analysis of person-organization fit theories. *International Journal of Selection and Assessment, 12,* 252–261.

Wild, B., de la Fontaine, A. & Schafsteller, C. (2001). Fishing for Talents: Internet Recruiting auf neuen Wegen. *Personalführung, 1,* 66–70.

Zielke, C. (2004). Hurra, es ist Montag – es geht zur Arbeit. *Personalwirtschaft, 3,* 40–43.

Zimmerhofer, A., Heukamp, V. M. & Hornke, L. F. (2006). Ein Schritt zur fundierten Studienfachwahl – webbasierte Self-Assessments in der Praxis. *Report Psychologie, 31,* 62–72.